小型網路資訊安全
給網管人員的正經指南

Seth Enoka 著／林班侯 譯

no starch press

給親愛的老婆，
沒有她我肯定什麼都做不了

關於作者

Seth Enoka 是一位 IT 與資安領域的老手，曾參與全球各種大規模的複雜資安事故調查。當他沒在忙著協助各家機構從網路驅趕外來者的時候，你會發現他還教授數位鑑識和事故因應相關課程、同時在安全相關社群中指導他人（也接受指導）、忙著取得某些學位或認證、或是正在準備另一輪的舉重比賽（天曉得是何時…）。

關於技術審校

Kyle Rankin 是 Purism 的資安長，也是《*Linux Hardening in Hostile Networks*》和《*DevOps Troubleshooting*》二書的作者，著作甚豐。Rankin 曾是《*Linux Journal*》的得獎專欄作者。他常為開放原始碼軟體發聲，也曾在 SCALE 和 FOSDEM 發表演說。

目錄

11
管理網路使用者安全的訣竅 183

鳴謝

要感謝的人全部加起來實在太多了，而且我很可能會錯失一兩位要角的名字，因此我想在此一併對全體資安社群致意。感謝大家的開放與慷慨，並如同我所渴望地那般貢獻時間和專業知識。

簡介

本書是資訊安全的入門，目的在於協助系統及網路管理員或是相關負責人等，學習如何防禦網路安全的基礎知識。要保護自己不受詐騙及外來惡意事件侵擾，你的個人資訊安全至關重要。也許你會覺得自己手中沒有什麼值得覬覦或破解的資訊，不可能成為被侵擾的目標。但實情是，你的個資（personal identifiable information，PII）、個人醫療資訊（protected health information，PHI）、知識財產權（intellectual property）、以及公家發給的資訊及身分等等，全都是有價資訊。如果不能妥善保管這些內容，便可能引起個資外洩這種災難性的後果，這會對你的生活產生嚴重影響。

我們著重的目標，是含有 100 個以下的端點（*endpoints*）構成的小型網路。所謂的端點，有時也稱為主機（*host*），指的是任何連接在網路上、或是本身即為構成網路一部分的系統或裝置，像是桌上型電腦或筆電，或是手機或平板之類的行動裝置。即使像是企業網路這樣更大型的網路，其實他們在防護使用者及系統時所採用的工具及技術，也跟本書所介紹的相去不遠，只不過其規模要大得多、涉及的成本也更昂貴罷了。

防護小型網路的麻煩之處，在於你必須事事親力親為，你能取得的支援和預算都受到侷限。防護網路這件事需要經常性的關注，而我們會在本書中探討若干做法，讓你可以在必要時以低廉的成本達到目的。本書的終極目標，是要為讀者們提供必要的工具及知識，讓你以手邊能取得的任何資源（不論是時間或金錢方面）防護自己的網路。

如何運用本書：你可以期待些什麼

本書在撰寫時所採用的方式是，如果讀者們可以依章節順序閱讀，就能循序漸進地提升安全程度，最後完成一套具備縱深防禦（*defense-in-depth*）架構的網路。所謂縱深防禦，指的是以數種防禦性解決方案疊加而成、藉以保護有價資料及訊息的資安手法。第一至四章所涵蓋的，便是如何設計及架構你的網路，以便事後啟用防禦及網路監控等功能。然後，第五至八章會探討各種廉價但成效卓著的被動式防禦策略，藉以防範外界取得你的網路或端點操控權。最後的第九到十一章，則會著重在經常性備份及主動防禦的價值上，你可以從中接收網路上各種可疑或惡性行為的警訊、並做出回應，以此構成資安事件處置方式。

大部分的章節都會包含自成一體的小型專案。讀者們可以自行決定是否要依序完成每一個專案，或是選擇性地進行。然而，稍早章節中所涵蓋的網路架構概念，會同時在時間及金錢方面提供最佳報酬率，而且它們需要的經常性支援及維護也不多。稍後章節所涵蓋的主動式防禦才會需要經常性的監控，而且要先完成前期的專案，才能發揮其效益。在早先章節所含的專案中，有些案例還可提供基礎知識，有助於後期專案的執行，像是熟悉命令列操作等等。基本上你應該按照最符合自己和身邊環境需求的順序來完成每一個章節；譬如說，如果你手邊已經有主機型或網路型防火牆，也許就可以先跳過第三章。

筆者還是建議大家，展開你的資安冒險之旅之前，還是從第一章開始讀起。第一章涵蓋了兩大基本主題：設置你會在本書中用到的伺服器、並建立網路架構圖及設備清單。在你真正開始防護網路之前，你必須先瞭解其拓樸（*topology*）：亦即有哪些主機連接上來、還有它們彼此互連的方式。繪製拓樸圖有助於追查你手中的裝置，並辨識出網路上任何不尋常的動靜。大部分的讀者應該都會以虛擬機

（VM）的形式實作本書的專案，所謂的虛擬機（*virtual machines*，本身也算是網路上的端點之一！）可以讓你在單一實體電腦上運行多套電腦系統。採用 VM 是一種既便宜又簡單的方式，讓你只需透過較少量的高規格硬體便能達到相同的目的（筆者會在稍後的「建議的硬體」一節中說明其他建議的硬體）。

建議的（但非必要的）知識

在本書當中，讀者們將會學到小型網路防禦需知的資安基礎。本書將引導大家進行所有必要的步驟，如何鉅細靡遺地完成每一章中的專案。一旦大家有了操作的經驗，包括先前所述的虛擬機、命令列以及管理各種規模的網路，事後都會證明是值得的。儘管如此，就算沒有任何經驗，讀者們應該也還是可以亦步亦趨地照做，然後在過程中學到必要的技巧。

建議的硬體

本書中有些專案也許會需要用到你目前手邊沒有的硬體或裝置。筆者會盡可能地提出採購新硬體以外的替代方案，但有時最好的（或唯一的）方式還是採購新設備。以下便列出每一章會用到的硬體清單。

虛擬機宿主系統

你可以利用既有的電腦來運行虛擬機器，只要該部實體電腦具備足夠的記憶體（RAM）和處理器（CPU）資源即可。基本上，你需要運行的每一套虛擬機都得用到 2GB 的記憶體和一個 CPU 核心，再加上至少 4GB 的記憶體和一個 CPU 核心來運作虛擬機寄居的作業系統。因此，若要完成本書每一章的專案，你會需要一部具有至少 16GB 的 RAM 和八核心 CPU 的實體系統。

大多數近代的系統都具備這種程度的規格，你也會用到網路附掛儲存裝置（network attached storage，NAS）或其他能運行虛擬機的系統，或是像 Intel NUC 這樣的小型運算單元。所謂的 NAS 其實也是掛在網路上的一種裝置，主要用於儲存、同時便於作為取得資料的集中位置，很多情況下它還會提供額外的網路服務功能，像是儲存需要託管的虛擬機器之類[譯註1]。如果你的電腦資源充裕，就從它直接開始也無妨。反正要是你的虛擬機成長到原有宿主機器的硬體無法負荷之時，總還是有辦法可以把虛擬機遷至他處託管。

譯註 1　有些虛擬機的宿主環境並不會內建大量儲存空間，而是以 iSCSI 之類的網路附掛方式連接網路上的專用儲存裝置。

防火牆

到第三章時，讀者們會學到如何安裝及設定一套 pfSense 防火牆。這種防火牆很便宜就可以買到，只需略施手腳，它就能迅速並大幅提升任何網路的安全性。建議的裝置是 Netgate 2100 或 4100，因為它既超值、又容易設定和維護。當然你可以選擇自行建置一套，但現成的 Netgate 也許更為安全、而且成本效益較好。

無線路由器

如果你打算在自己的小型網路中啟用無線網路（可以預期的是，大部分的裝置都會採用無線網路的方式連線），你就會需要一台無線路由器或存取點（access point）。我們會以華碩的 RT-AX55 或 RT-AC86U 作為本書大部分的示範來源。這一型路由器不論在價位及功能方面都屬於中階裝置，不需昂貴的成本就能獲得企業等級的功能。

管理型交換器

所謂的管理型交換器（*managed switch*），指的是可以經過設定來監控和管理網路流量的裝置。這是另一種相對平價的裝置，但卻具備非常有用的功能，像是能把脆弱的裝置和其他高價值裝置區分開來。我們大部分時間都會以 Netgear GS308E 作為示範機型來說明。

Network TAP

所謂的 *network tap*，指的是一種監控用裝置，它可以把通過網路上兩點之間的流量映射到某處，便於讓你蒐集裝置及網路之間通過的網路流量。你可以分析捕捉到的流量，從中識別出可疑的或是惡意的行為，然後藉以調整防禦方式，進而對該類動作加以防範、或是發出相關警訊，作為預防資安事故的應對方式。Dualcomm 提供數款 TAP，其功能、容量及價位皆互有出入。對於大部分的小型網路而言，ETAP-2003 便足敷所需；這也是我們主要會用到的裝置。

替代方案

雖說書中按部就班的指示都是專為上述建議的裝置專門撰寫的，但從一般化的程序面而言，它們同樣適用於其他功能相仿的裝置。在本章簡介中，所有建議裝置的替代方案，皆可考慮採用 Ubiquiti 的產品。雖然 Ubiquiti 裝置價格較貴，但其功能也較為豐富，管理起來也並不難，此外他們還提供了商用等級的支援。

總結

倘若你想要以盡量精省的方式展開自己的資安之旅,請先讀完一至四章,建立起一套可資防禦的網路架構。如果你志在進行網路監控、偵測及事故預防等領域,請深入閱讀五至八章,研究更富效率的防禦策略,以資緩和各種資安弱點、並防範外人取得你的端點操作。如果你的網路和防禦功能皆已相當成熟,可直接閱讀九至十一章,學習以更為主動的策略來保護自己的網路、端點以及使用者,避免外人覬覦你的個資或業務用資料。

1

從基礎 LINUX 系統
和網路架構圖開始著手

本章主要由兩大基礎專案構成：首先是設置一套
基本的 Ubuntu 系統，以便在本書稍後篇幅中運
用，其次則是繪製一個網路架構圖。這套系統將會
是本書範例的基礎，你會在上面安裝和執行各式各樣
的安全工具，而網路架構圖則可為你的網路上所有的裝置提供一份視
覺化概覽，並呈現它們彼此之間的關聯和溝通方式。

我們會先從尋常 Linux 作業系統的定義和概覽談起，然後逐步說明如何在虛擬機
器（VM）上、或是實體機器上、乃至於雲端環境中，安裝某個版本的 Linux（或
者精確地說，就是 Ubuntu）。無論裝在何種環境當中，筆者都會說明如何強化
Ubuntu 安全，並將其納入你的網路架構圖當中。每當有新的端點加入至你的網
路，都必須如實地更新網路架構圖，確保其資訊始終反映現況。如果網路架構
圖與現實不符，便形同廢紙一張。

Linux 作業系統

Linux 是我們對作業系統的首選，因為 Linux 系統屬於開放原始碼，擴展性又好，這一點與 Windows 或 macOS 相較尤為突出。在 Linux 上你可以更深入地微調作業系統及其運行的應用程式，如此一來更有助於你加強控制端點及網路的安全性。

Linux 作業系統具備多種版本（或者說是所謂的發行版，*distributions*）可供挑選。每種發行版都各自有獨特的一套基本工具和圖形化使用者介面（graphical user interfaces，GUI），而且它們彼此之間在外觀及功能上都不盡相同。舉例來說，Kali Linux 這個發行版便是專為侵略性操作而設計，因此常被入侵測試從業人員用來進行網路診斷。Red Hat Linux 則可能是最常為企業使用的發行版，好幾種發行版皆以 Red Hat 為基礎，像是 Fedora 跟 CentOS 都是。如果你有興趣研究 Linux，不妨試試各種發行版，從中找出你最喜愛的一種。

在本書中，我們會以 Ubuntu 為主，這是一種對使用者十分友善的發行版，也是初學者最容易入門的版本，即使你從未接觸過 Linux 也無妨。Ubuntu 有三種版本可選：Desktop、Server 和 Core。以本書而言，Desktop 版本便已足夠。如果你想用 Ubuntu 伺服器提供額外的網路服務，像是檔案分享或動態主機設定（Dynamic Host Control Protocol，DHCP）伺服器，那麼 Server 版本會比較合適。Ubuntu Core 則是專為像是物聯網（internet of things，IoT）實作之類資源受限的應用所設計的。

最近版本的 Ubuntu 作業系統，可以到 *https://ubuntu.com/download/* 去下載。下載回來的會是 ISO 格式的檔案，亦即副檔名會是 *.iso*。ISO 檔案是一種邏輯映像檔或容器，可以模擬實際儲存媒體，像是 CD 或 DVD。

以下各小節會逐步指導大家安裝 Ubuntu，無論是裝在實體裝置還是 macOS 或 Windows 模擬的虛擬機器上、甚至是安裝在雲端。使用實體裝置來安裝，可以讓你擁有全部的系統資源，像是 CPU 和 RAM 等等，但前提是你得擁有足夠的閒置實體系統，才能拿來安裝 Ubuntu。使用虛擬機有幾項好處，像是可以進行快照（本章稍後會介紹這個動作）。至於在雲端建立虛擬機器則還可以提供額外的功能，像是可以從任何場合輕易存取之類，但這往往還涉及其他安全考量。一旦你按照特定平台的相關指示完成設定，就可以直接跳到第 9 頁的「完成 Linux 安裝」小節繼續進行。

#1：建立你的 Ubuntu 虛擬機

本書所有篇幅都會需要用到你建置的 Ubuntu 系統，應用在各種用途上。這些用途都會以我們即將建置的系統為基礎，我們將可在這套標準作業系統上添加工具及應用程式，用來防護你的網路。

Hypervisor 選項

所謂的 *hypervisor*，指的是一種軟體，讓你可以在其中建立和運行虛擬機器，並在虛擬機器中運行寄居的作業系統。在這個開頭的專案裡，你可以利用 VMware 的平價商用 hypervisor 來建立 Ubuntu 虛擬機。在 *https://www.vmware.com/* 上有多款 VMware Workstation 的版本可供選用。像是 VMware Player（Windows 專用）和 VMware Fusion Player（Mac 專用）都可供個人免費使用，但它們缺乏某些我們在稍後章節中所需的進階功能。筆者建議大家選用 VMware Workstation Pro 和 VMware Fusion Pro。這兩款的商用授權都相當便宜。另一種替代方案則是在一開始先選用免費的 Workstation Player，事後有需要再升級到商用授權。Workstation 和 Player 版本的操作步驟幾乎完全相同，但 Workstation 和 Fusion 版本之間便略有差異。

另一個選擇是 VirtualBox，這是由 Oracle 維護的免費解決方案，同樣可以用來建置和管理 VM。所有的主流作業系統都支援 VirtualBox，你可以從 *https://www.virtualbox.org/wiki/Downloads/* 下載。

Windows 上的 VMware Workstation 和 VMware Player

要在 VMware Workstation 或是 VMware Player 裡建置 VM，請依以下步驟進行：

1. 在 VMware 裡點選 **File ▸ New Virtual Machine**。

2. 在 New Virtual Machine 畫面開啟後，選擇 **Typical (recommended)**，然後點選 **Next**。

3. 選擇 **Installer Disc Image File (iso)**。

4. 利用 **Browse** 按鍵，瀏覽並選出你稍早下載而來的 Ubuntu ISO；然後點選 **Next**。

5. Easy Install wizard 會詢問關於 VM 的使用者詳情；請填好 Full Name、User Name 和 Password 等欄位，然後點選 **Next**。

6. 為 VM 賦予一個含義清晰的名稱，以便指出它在網路中的角色。

7. 將 VM 存放在預定位置（或是任何你想要存放的位置），然後點選 **Next**。

8. 如果宿主機器擁有充裕的磁碟空間，就把虛擬磁碟容量訂為 40GB；不然就停留在預設的 20GB 亦無妨。

9. 將虛擬磁碟儲存成單一檔案，不要採用 split into multiple files（分割為多重檔案），然後點選 **Next**。

10. 點選 **Customize Hardware**。

11. 如果底層宿主主機擁有足夠的 RAM，就把分配給 VM 的 RAM 從 2GB 增加到 4GB。

12. 將 Processors 數量訂為 1。

13. 在 Network Adapter 底下，選擇 **Bridged** 模式，讓你的 VM 取得自己的獨立 IP 位址和網路連線。

14. 點選 **Sound Card ▶ Remove**。

15. 點選 **Printer ▶ Remove**。

16. 點選 **Finish**。

你的虛擬機器這就建立起來了，然後你就可以著手安裝作業系統。

macOS 上的 VMware Fusion 與 VMware Fusion Player

一旦你安裝了 VMware Fusion 或是 VMware Fusion Player，請依下列步驟建立第一台 VM：

1. 在 VMware 下點選 **File ▶ New ▶ Continue**。

2. 將你的 ISO 檔案拖放到 VMware Fusion 的視窗內，或是點選 **Use Another Disc or Disc Image** 按鍵，從你的檔案系統找出安裝檔案；接著點選 **Continue**。

3. Easy Install wizard 會詢問關於 VM 的使用者詳情；請填好 Full Name、User Name 和 Password 等欄位。

4. 確認沒有勾選 Make your home folder accessible to the virtual machine 的選項，然後點選 **Continue**。

5. 點選 **Customize Settings**。

6. 將 VM 存放在預定位置（或是任何你想要存放的位置）。

7. 如果宿主機器擁有充裕的磁碟空間，就把虛擬磁碟容量訂為 40GB；不然就停留在預設的 20GB 亦無妨。

8. 在 **Processors and Memory** 選單中，如果底層宿主主機擁有足夠的 RAM，就把分配給 VM 的 RAM 從 2GB 增加到 4GB，並將 Processors 數量訂為 1。

9. 取消 **Connect** 勾選,然後在以下周邊裝置各自的選單中進行新增或中斷連線:sound card(音效卡)、floppy(軟碟機)、printer(印表機)和 camera(攝影機)。(將用不到的周邊從虛擬機中移除,有助於縮小易受攻擊的層面。)

點選 **Play** 按鍵啟動你的 VM,這時便會開始安裝作業系統。

VirtualBox

不論是使用 Windows PC 或是 Mac 作為宿主機,VirtualBox 的 VM 建立方式都是一致的。一旦你下載並安裝了 VirtualBox,請依下列步驟建立 VM:

1. 在 VirtualBox 視窗上方,點選 **New** 按鍵。

2. 為 VM 取一個有意義的名稱,然後指定檔案儲存位置(預設的資料夾通常就很理想),並從下拉式選單挑選正確的作業系統:**Linux ▸ Ubuntu (64-bit)**;然後點選 **Continue**。

3. 若你的主機擁有充足的 RAM,就把 VM 分配的 RAM 從 2GB 增加到 4GB,並點選 **Continue**。

4. 選擇 **Create a New Virtual Hard Disk Now**,並點選 **Create**。

5. 選擇 **VMDK** 作為磁碟格式,並點選 **Continue**。

6. 選擇 **Dynamically Allocated**,並點選 **Continue** 或是 **Next**(看你使用何種 OS 而定)。

7. 如果你的宿主機有足夠的磁碟空間,就把虛擬磁碟容量訂為 40GB;不然就接受預設的 32GB,並點選 **Create**。

8. 在 VirtualBox 中選擇 VM,並點選 **Settings**。

9. 循序進入 **Settings ▸ System ▸ Motherboard**。

10. 在 **Boot Order** 底下,取消勾選 **Floppy**。

11. 再進入 **Settings ▸ System ▸ Storage**。

12. 選擇 CD drive(它位於 **Controller: IDE** 底下,旁邊會有一個 CD 圖示)。

13. 在 attributes(屬性)窗框中點選 **CD icon**,以便挑選磁碟檔案,並指向你的 Ubuntu ISO 檔案。

14. 在 **Settings ▸ Audio** 底下,取消勾選 **Enable Audio**。

15. 在 **Settings ▸ Network ▸ Adapter 1** 底下,在下拉式選單中從 **Attached to** 切換成 **Bridged Adapter**,這樣你的 VM 便可分配到自己的 IP 位址,並在邏輯上與宿主機的網路設定區分開來。

16. 點選 **OK**。

NOTE VirtualBox 提供的硬碟格式選項包括 VDI、VHD 或 VMDK。其中 VDI 屬於 VirtualBox 的專利格式。VHD 則是微軟開發的格式，與 Windows 相容，可以輕易地掛載到 Windows 作業系統中成為虛擬磁碟。VMware 原本也開發了 VMDK 格式，但現在已釋出成為開放檔案格式。VMDK 同時相容於 VirtualBox 和 VMware，因此如果你切換宿主環境，你的虛擬磁碟不會引起額外的問題。

#2：建立實體的 Linux 系統

除卻建立虛擬機器以外，你也可以採用實體系統來安裝 Ubuntu，就像在硬體上直接安裝 Windows 或 macOS 一樣。採用實體系統自有其優勢，像是可以完全發揮硬體效能、或是不必為底層宿主預留部分記憶體及處理器資源等等。至於缺點則是實體系統通常較缺乏虛擬機的彈性。隨著本書進展，你可能需要建立好幾套 Linux 系統，因此我們假設你多半會採用虛擬機來進行。然而，就算你決定為個別專案採用實體系統，也應該還是可以順利進行下去。

要建立實體的 Ubuntu 系統，你需要先製作一支可開機的 *USB 隨身碟*，亦即你得先把 Ubuntu 的安裝檔放進一支 USB 隨身碟，才能把它插到任何電腦上，然後開始進行安裝。

在 Windows 上製作可開機的 USB 隨身碟

在 Windows 電腦上，要製作可開機的 Ubuntu USB 隨身碟，最簡單的辦法就是利用 Rufus，這是一種專門用來製作可開機媒體的小工具。請到 *https://rufus.ie/* 下載最新版本。Rufus 採用的是可攜式執行檔（*portable executable*），亦即毋須安裝；只需下載就可直接以執行檔操作。下載後請依下列步驟進行：

1. 挑選一支容量至少 16GB 的 USB 隨身碟，將其插入電腦。Rufus 會將這支 USB 隨身碟格式化，因此請確認其中沒有需要留存的資料。

2. 打開 Rufus 的執行檔。

3. 一旦 Rufus 開啟，請確認 Device 的下拉式選單確實指向正確的 USB 隨身碟。最簡單的辦法就是確認當下只插了你即將要安裝的這一支 USB 隨身碟，其他都拔掉。

4. 在 Boot Selection 中選擇 **Disk or ISO Image**。

5. 點選 **Select**。

6. 瀏覽到你的 Ubuntu ISO 檔案，選擇它。

7. 一旦選好檔案，Rufus 便會載入一系列可開機 USB 的預設選項；只須接受它們並點選 **Start** 即可。

8. Rufus 也許會彈出一個視窗，提醒你是否要以 ISO 或 DD image mode 來寫入媒體；只需選擇 **ISO Mode** 並點選 **OK** 就好。稍後安裝 Ubuntu 時，萬一你真的無法進行安裝、或是過程中看似已經凍結，請回到這裡改選 **DD Mode** 重新製作即可。

9. Rufus 會再彈出一個訊息，提醒你它會格式化 USB 隨身碟；點選 **OK** 繼續進行即可。

在 macOS 上製作可開機的 USB 隨身碟

Etcher 是一套 macOS 專用的開放原始碼工具，可以把作業系統映像檔寫入到可攜式媒體當中，像是 USB 隨身碟或 SD 記憶卡之類。請到 *https://www.balena.io/etcher/* 下載最新版本。下載後請安裝，然後依下列步驟進行：

1. 挑選一支容量至少 16GB 的 USB 隨身碟，將其插入電腦。Etcher 會將這支 USB 隨身碟格式化，因此請確認其中沒有需要留存的資料。

2. 打開 Etcher。

3. 一旦 Etcher 開啟，點選 **Flash from File**，並選擇你的 Ubuntu ISO 檔案。

4. 點選 **Select Target**，並選擇你的 USB 隨身碟。

5. 點選 **Flash** 開始燒錄你的可開機 Ubuntu USB 隨身碟（可能會要你輸入電腦密碼才能讓 Etcher 寫入 USB 隨身碟）。

6. 燒錄過程隨即開始，同時會顯示進度。一旦完成燒錄，就會顯示「The disk you inserted was not readable by this computer」。即使如此也不要選擇 Initialize，直接退出 USB 隨身碟即可。

操作可開機的 USB 隨身碟

完成燒錄後，你手上就有一支可以開機的 Ubuntu Linux USB 隨身碟了。把它插到你要安裝 Ubuntu 的電腦上，然後開機。也許你還得更動系統的開機順序，以便讓它先從 USB 開機，而不是從內部硬碟開機。這樣就要先中斷開機順序，通常可以經由 ESC、F8、F10 或是 F12 等按鍵達到目的。請到網路上搜尋一下，確認你的電腦機型的中斷開機按鍵為何，或是索性就重新開機，然後把上述按鍵都試一遍，直到你可以中斷開機並進入電腦的 BIOS 畫面為止。

NOTE 技術上來說，大多數當今的電腦都已改用統一可延伸韌體介面（Unified Extensible Firmware Interface，UEFI）取代已經過時的 BIOS，前者功能更為豐富。但我們在這個概念上仍習於混稱 BIOS 和 UEFI。

BIOS 是負責在作業系統範圍以外管理硬體的，你可以在此更改開機順序，讓電腦改從 USB 先開機。然後再度重啟電腦，它便會開機進入 Ubuntu 安裝環境。至於在 Mac 上，則是在系統開機時按住 OPTION 鍵，然後再選擇從 USB 開機即可。

#3：建立雲端的 Linux 系統

如今將網路基礎架構移往雲端已經是稀鬆平常的事，說穿了不過就是改用別人的電腦來運行我們的服務罷了。與我們自行架設的私有網路及 VPN 伺服器相比，位於雲端的網站及運作網站的網頁伺服器通常較容易取用（從全球各地）及管理（我們會在第五章時詳細探討 VPN）。在這個小節中，我們會解釋如何透過雲端服務供應商建置你的 Linux 電腦。這裡會以 Vultr 作為專案環境，因為它真的很便宜，又很可靠，而且若是你從未接觸過雲端服務商，它的學習曲線也十分簡單。以下步驟不論對哪一家供應商來說應該都差不多，不論是 Amazon Web Services、Microsoft Azure 還是其他廠商皆然。

1. 在 *https://www.vultr.com/* 建立一個帳號。

2. 在帳號儀表板，點選 **+ ▸ Deploy New Server**。

3. 選擇 **Cloud Compute**。其他的選項（High Frequency、Bare Metal 等等）都是另有專門應用的，不適合我們的用途。

4. 選擇你的伺服器位置。通常都會選一個地理上接近你所在地的位置，以便提升 VM 存取速度；但如果你想隱瞞位置資訊，就選一個他國位置也無妨。

5. 至於 Server Type，請挑選最新版的 Ubuntu。

6. 選擇一個伺服器規格。最便宜的選項也是最佳起點；當然你日後還是可以視需求升級 VM。

7. 提供伺服器的主機名稱。

8. 點選 **Deploy**。

接著服務供應商會將你的 Ubuntu VM 實例化（instantiate），這就跟你在使用 VMware 或 VirtualBox 建立 VM 時一樣。過程需要花上一點時間。一旦你的 VM 確認已經啟動並運行，你的服務供應商便會賦予它一組 IP 位址、使用者名稱及密碼，以便你存取 VM。接下來你就可以完成下一小節裡的步驟，設定並防禦你的 VM。

完成 Linux 安裝

如果你是在雲端建立 Linux 系統，或是以 VMware 的 Easy Install 安裝，那麼只要啟動 VM，便會自動開始安裝 Ubuntu[譯註2]、建立你的使用者帳號、並呈現 Ubuntu 的桌面環境供你使用，就像是一般的 Windows 或 Mac 桌上電腦一樣。如果你採用 VirtualBox 來安裝、或是建立實體的 Linux 系統，你就會需要再完成若干後續步驟，才能達到最終使用環境的階段。

在 VirtualBox 中，請依以下步驟進行：

1. 點選 **Start** 按鍵，以便 VM 開機。

2. 利用 Ubuntu installation wizard，選擇你要使用的語言，並點選 **Install Ubuntu**。

3. 選擇鍵盤格式並點選 **Continue**。

4. 在 Updates and Software 畫面，選擇 **Minimal Installation**，因為你不需要在安裝作業系統時額外加裝大量的軟體。

5. 勾選兩個項目，分別允許從不同的來源安裝軟體更新。

6. 點選 **Continue**。

7. 在下一個畫面，wizard 會詢問你是否要清空磁碟來安裝 Ubuntu，並顯示如圖 1-1 的警訊。點選 **Advanced Features** 按鍵，並選擇 **Use LVM with the New Ubuntu Installation**。採用 LVM 有助於在控制你的磁碟及其分割區時提供更大的彈性。LVM 具備許多進階功能，像是為邏輯卷冊命名、以及必要時動態變更分割區及虛擬磁碟等等。

⦿ Erase disk and install Ubuntu
Warning: This will delete all your programs, documents, photos, music, and any other files in all operating systems.

[Advanced features...] None selected

圖 1-1：Ubuntu 安裝類型提示

記住，這個 installation wizard 所指的是虛擬機器及其附掛的虛擬磁碟（我們剛剛才建立它）。它不會影響你宿主系統上的實體硬碟。即使以此種方式繼續在 VM 內部安裝，也不至於遺失宿主機的檔案和資料。

8. 點選 **OK ▶ Install Now**。

9. 你會收到提示說磁碟即將有異動內容寫入（指的是 VM 的虛擬磁碟）。點選 **Continue** 表示接受剛剛為 VM 設定的組態。

譯註2　前提是你已按照前述的 Hypervisor 安裝，將開機選項指向 iso 檔案。

隨著 Ubuntu 的安裝，你還會被問到如何進行特定的作業系統設定，像是你的所在地（時區設定）、你的姓名、你的電腦或主機名稱、以及你的使用者詳情，譬如 username 和密碼等等。請依需求設定，並繼續安裝。最後作業系統終將完成安裝，你同樣會看到 Ubuntu 的桌面環境。

WARNING 不要設定使用者自動登入，因為這種組態對任何電腦而言都不安全。務必要選擇 **Require my Password to Log in** 這項設定。

初次登入 Ubuntu 時，它會詢問你設定線上帳號、以及是否願意與開發者分享不具名的統計資料。由於這套系統必須安全無虞，因此不會連接到像是 Google 或 Microsoft 雲端服務之類的後端服務。請略過所有這類組態選項，而且不要對任何場所分享資料。這項建議不僅限於 Ubuntu 虛擬機的組態，也對你的私生活有益（如果你注重個人隱私）。

在實體系統上也一樣要完成上述步驟，才算完成 Ubuntu 的安裝，唯一的差別在於，分割磁碟影響的是電腦內的實體硬碟，而非虛擬磁碟。一旦你裝好了 Ubuntu，就請把 BIOS 的開機順序還原，以便讓電腦從內部硬碟開機、而非 USB 安裝媒體，然後記得把可開機的 USB 隨身碟卸下。^{譯註 3}

強化 Ubuntu 系統防禦

現在你已經建立了基本的虛擬或實體機器，該來進行一些初步的組態變更，以確保系統安全無虞。這段過程又被稱作是強化防禦（*hardening*），廣泛地說，這便意味著要讓系統保持更新在最新版的作業系統及軟體修補，同時還要安裝若干額外的管理軟體，並修改組態檔案、讓系統更趨安全。

#4：安裝系統套件

在 Ubuntu 當中，你會用到所謂的 Advanced Package Tool（APT）來確保系統始終保持在最新版本的修補內容。在 Linux 上，人們會習於以套件（*packages*）來稱呼軟體，而 APT 就是用來在你的系統上安裝、移除、更新或是管理工具及軟體的套件管理工具程式。

APT 屬於命令列介面（command line interface，CLI）工具程式，亦即你得透過 Linux 的終端機程式（Terminal）與其互動，而不是透過像 Windows Update 那樣的 GUI 圖形介面工具。

譯註 3　如果虛擬機環境不會在 iso 開機時以倒數計時逾時來跳過光碟開機，必要時請把 iso 檔案從虛擬光碟卸載。

大部分的作業系統都會有自己的 CLI；Windows 有命令提示字元（Command Prompt）和 PowerShell，而 macOS 也有自己的 Terminal。基本上 CLI 是與作業系統互動更為直接的方式，它採用文字型態的命令來操作。CLI 看似簡單的文字編輯器，有一個提示符號指出你該輸入命令的位置。不論是命令提示字元、Linux 的 Terminal 還是 macOS 的 Terminal，預設外觀都是黑底白字。只有 PowerShell 採用藍底視窗。

至於雲端部署，你可能只能依預設方式操作 Linux Terminal，而沒有 GUI 可用。如果是這種情形，你會在登入後馬上看到一個終端機視窗。不然的話，若要操作 Ubuntu 的終端機，請點開 Ubuntu 桌面左上角的 **Activities** 選單，鍵入 **Terminal** 字樣，當它出現時再點選，就像你在 Windows 的開始選單中搜尋和開啟一個應用程式的做法一樣。

依照預設方式，即使身為管理員（administrator），你也不見得能使用特定命令、或是在 Linux 系統上進行某些動作，因為你不具備必要的許可（在 Linux 中常稱為權限，*privileges*）。許多命令和動作都只保留給超級使用者（*superusers*），或者是 Linux 中所謂的根（*root*）使用者帳號。身為 Linux 中的非 root 使用者（亦即不是超級使用者），你必須透過 sudo 命令，它是 *superuser do* 的縮寫。譬如說，如要使用 APT 來更新所有 Ubuntu 系統上已安裝的套件，就要輸入以下命令，再於每個命令後按下 ENTER 來執行：

```
$ sudo apt update
$ sudo apt upgrade
```

第一個命令 sudo apt update，會取得每一個已安裝應用程式的現有更新清單。第二個命令 sudo apt upgrade 則會下載並安裝清單中所列的更新。請在收到提示時輸入密碼；通過認證並執行特權命令，就是 sudo 特有的安全功能。每當你用 sudo 執行某項命令，這個動作都會記錄在 */var/log/auth.log* 檔案裡，因此所有的管理動作都可以事後進行稽核。當你被問及是否要安裝更新時，請按下 **Y**（就是 yes）後再按 ENTER。

在 Linux 和 macOS 的命令列裡，只要你看到錢字符號提示（$），就代表你目前的身分（也就是會以此身分執行）是一般的、非管理性質的使用者。如果你看到的提示是一個井字符號（#），那你的身分便是 root 使用者，具備全部的系統存取權限，可以進行更動、搬移檔案、以及刪除檔案。如果你是以 root 身分運作時，務必要小心謹慎，因為此時極易犯下錯誤並引起作業系統的問題。平常最好是都以一般身分使用者來工作，只有在操作命令列時，才以 sudo 切換身分。

安裝新套件時，APT 通常會一併安裝任何該套件需要用到的依存關係（dependencies，若非如此，你的軟體就會在運作時找不到賴以運作的內容，於是便無法正常運作）。但是當你移除或反安裝軟體時，這些依存關係的內容卻可能被遺留在原地。在系統中留有不需要的應用程式是不安全的，因為攻擊者極可能會利用遺留套件中的弱點漏洞，取得你的網路存取權，或是利用它們遂行其他惡意活動。請依以下示範執行 sudo apt autoremove 和 sudo apt clean，以便移除任何已無需要的依存關係內容，並刪除先前下載的套件：

```
$ sudo apt autoremove
$ sudo apt clean
```

若要安裝新的套件，可以用 sudo apt install 來進行。有一個很有用的套件，可以讓你從遠端以命令列存取及管理系統，它就是 SSH（*secure shell* 的簡寫）。請執行 sudo apt install openssh-server，以便安裝 SSH（若要安裝其他套件，請把 openssh-server 換成其他套件名稱即可）。

你還可以用 apt 同時安裝多種套件，就像這樣：

```
$ sudo apt install openssh-server package_name1 package_name2
```

同樣地，請在看到提示時輸入密碼後按下 **Y**。一旦安裝了 SSH，就可以為系統設定遠端存取了。

#5：管理 Linux 使用者

網路安全的管理作業，有一部分就是要管理網路上的使用者帳號和主機。你會需要為 Ubuntu 機器添加新的使用者，譬如某個新服務或新應用程式的新使用者之類，或是要讓別人也可以管理你的系統。添加新使用者屬於管理性質的功能，需要用到 sudo 命令。請以 adduser 命令來添加新的使用者：

```
$ sudo adduser username
```

它會要求你替使用者指定一組密碼，但指定密語（passphrases）會更好，因為後者較容易記憶，長度也夠，還更難以破解（我們會在第十一章探討密語和建立難以破解的密碼）。

如果需要，你還可以替使用者指定名稱、電話號碼、以及其他資訊；不然的話也可以按下 **ENTER**，將這些欄位留白。

刪除使用者就更簡單了：

```
$ sudo deluser username
```

此外，你也許還要對新使用者賦予 sudo 的特權，讓他們也可以管理你的系統，這就得動用到 usermod 命令了：

```
$ sudo usermod -aG sudo username
```

-aG（加入群組之意）參數會把該使用者添加到 *sudo* 群組當中。Linux 裡的使用者群組，代表一群使用者帳號構成的集合，便於用來對特定的使用者帳號指派權限及許可，像是可以讀寫特定檔案之類。但是請記住，擁有 sudo 特權的使用者越少越好。務必隨時實施最小授權原則（principle of least privilege），讓使用者只能控制他們日常運作需要控制的部分就好。擁有管理身分及特權的人越多，就越容易導致網路組態缺乏安全性。

最後，你可以用 passwd 命令重設特定使用者的密碼：

```
$ sudo passwd username
```

管理網路上的使用者，是保護網路安全的重要動作之一。若有多餘的使用者帳號存在，特別是當這些帳號還具備超乎必要的特權的時候，它們極可能為外界提供突破的捷徑，成為在你網路內的立足點。要加以防範並不難，只需隨時留意額外或無必要的使用帳號所帶來的風險即可。

除了管理環境中的使用者，每一個端點都有主機名稱，這個名稱應該容易判讀、或是容易為人理解，這樣才易於識別主機。通常這些名稱都會在安裝時被作業系統設為某些預設字樣（像是 Ubuntu 系統的 ubuntu 之類）。最好是為主機選擇一組命名規範，並確保每部主機的名稱都各自不同，方為上策。以 Windows 網路為例，主機彼此之間名稱不得重複，因為這會造成衝突，引起網路內的管理問題。

你可以用 hostname 命令檢視 Linux 系統的主機名稱：

```
$ hostname
ubuntu
```

要更改主機名稱，請再度執行 hostname 命令，但這次請加上 sudo，並指定新的主機名稱：

```
$ sudo hostname your_hostname
```

再次執行 hostname 命令，確認變更名稱是否生效。重啟你的伺服器，讓變更永久生效。

#6：遠端存取防護

現在你已經有辦法以 SSH 從遠端存取系統，接下來該加上各種安全鎖，以便確保只有經過授權的使用者可以登入這部主機。這個上鎖的過程涉及多項設定。你得把密碼登入的功能關掉，以 SSH 金鑰作為登入手段，此外還要禁止 root 帳號以 SSH 直接登入。允許像 root 這樣的超級使用者用 SSH 之類的工具互動登入，並不是良好的做法，因為這等於讓攻擊者有機會嘗試暴力破解法（brute-forcing，亦即一再地重複嘗試猜測可能的密碼，直到猜對突破為止），一旦被突破，就等於掌握了系統的全部存取權。同理，如果是其他的使用者帳號，改用 SSH 金鑰取代密碼登入，同樣可以避免系統遇到類似的攻擊疑慮（沒有機會猜測使用者名稱及密碼）。

產生 SSH 金鑰

成對的 *SSH* 金鑰通常都公認是比密碼或密語（passphrases）更為安全的登入認證方式。SSH 金鑰是一種經過加密運算的安全密鑰，可以用來認證用戶端的電腦（亦即你的本地端主機），使其可以存取 SSH 伺服器（亦即你的 Ubuntu 系統）。成對金鑰的第一個部分是你的私密金鑰（private key），這應該由你的用戶端持有，以便識別用戶端，因此它應該絕對保密，就像密碼一樣不能外洩。另一半則是公開金鑰，這部分則是可以公開分享的。公開金鑰可以交給 SSH 伺服器，讓它用來解密私密金鑰，以便在兩個端點之間進行認證。每一個用來登入 Ubuntu 系統的本機使用者帳號，都需要自己專屬的一組公開與私密金鑰。

要產生成對的 SSH 金鑰，請在你要作為 SSH 用戶端的電腦上（亦即會以 SSH 連接到 Ubuntu 系統的那台電腦）打開終端機視窗。鍵入 ssh-keygen 並按下 ENTER。再按一次 ENTER 接受預設儲存金鑰的檔案名稱。檔案的預設位置如下：

- Windows：*C:\Users\<user>\.ssh\id_rsa*
- macOS：*/Users/<user>/.ssh/id_rsa*
- Linux：*/home/<user>/.ssh/id_rsa*

接下來，你會被要求為私密金鑰提供一組密語（passphrase），這並非必要動作，但建議給一組密語更安全。用密語搭配 SSH 金鑰，你的私密金鑰便不至於暴露在網路上毫無防護，因為若要取得你的私密金鑰，攻擊者得先取得你的電腦存取權（若真的如此，那便大勢已去）。一旦你完成建立密語（或者完全不用密語），按下 ENTER，成對金鑰便會就此產生。

要把公開金鑰檔案提供給你的 Ubuntu 系統（或任何你要用成對金鑰連線的伺服器），請鍵入以下命令：

```
$ ssh-copy-id user@your_ubuntu_ip
The authenticity of host '192.168.1.10' can't be established.
ECDSA key fingerprint is aa:aa:aa:aa:aa:aa:aa:aa:aa:aa:aa:aa:aa:aa:aa:aa.
Are you sure you want to continue connecting (yes/no)? yes
```

這時也許會冒出一串關於 ECDSA 金鑰指紋的提示，但它其實只是代表遠端電腦還未認得你的本機電腦（因為它以前從未以此種方式與你的電腦連線）。如果你對提示無異議，鍵入 yes 再按 ENTER。你的 Ubuntu 系統便會要你提供此次連線使用者帳號（亦即遠端使用者帳號）的密碼。輸入密碼後，複製過程就會結束。此時你就可以改用 ssh user@your_ubuntu_ip 登入 Ubuntu 系統了，而且如果你有替金鑰加上密語的話，可能還會被要求輸入 SSH 金鑰的密語（不是 Ubuntu 系統端使用者的密語哦，而是金鑰本身的密語），以便證明你是金鑰的持有人。

停用密碼認證

接下來，請在你的 Ubuntu 系統上更改 SSH 組態，以關閉密碼認證，藉此強迫採用你的 SSH 金鑰才能登入。請以標準的非 root 使用者登入 Ubuntu 系統，再從終端機內用 Nano 開啟 SSH 的組態檔案，Nano 是許多 Linux 發行版預設安裝的文字編輯器，其命令如下：

```
$ sudo nano /etc/ssh/sshd_config
```

請找出 # PasswordAuthentication yes 這段字樣的設定。若要在 Nano 內搜尋文字，請按 CTRL-W 並輸入要搜尋的字樣，再按下 ENTER。這段設定目前應該是被註解符號註銷的（一行開頭的 # 代表 SSH 會忽略這一行設定），因為原本組態預設就是以 yes 來設置密碼認證開關，因此不需特別設定。但為了停用密碼認證，你得把開頭的 # 字元刪掉，再把 yes 的字樣改成 no。針對你建置的（以及啟用 SSH 遠端登入的）每一套系統，你都要重複這段設定。

停用 Root 登入

將 root 使用者的遠端登入功能關閉也是明智的做法。如前所述，root 使用者在 Linux 上擁有最高等級的許可權或系統權限。如果停用登入功能，就等於消除了潛在攻擊者取得系統特權的管道之一。從技術上說，最近版本的 Ubuntu 預設都會將 root 鎖住，不允許 root 帳號登入，但多檢查一下總是無妨，請找出這一行：

```
PermitRootLogin prohibit-password
```

把 prohibit-password 改成 **no**。完成後請把異動內容存檔。按下 **CTRL-O** 再按下 **ENTER**，表示你同意覆寫正在編輯的檔案。按下 **CTRL-X** 離開檔案，回到終端機畫面。

重啟 SSH 服務，讓它重新載入新的組態內容，命令如下：

```
$ sudo systemctl restart ssh
```

還有一件事尚待測試。稍早你已經更改了組態檔 */etc/ssh/sshd_config*，停用了以密碼驗證方式登入 SSH。請從網路上的任一台電腦嘗試用另一組帳號和密碼（不是具備 SSH 金鑰的那一組遠端使用者帳號），以 SSH 連接 Ubuntu 系統看看：

```
$ ssh user@your_ubuntu_ip
user@your_ubuntu_ip: Permission denied (publickey).
```

這裡的 **user** 是你用來登入遠端系統的使用者名稱，而 **your_ubuntu_ip** 則是 Linux 的 IP 位址。如果你還能成功登入，請回到前面「停用密碼認證」一節，確認你更改的組態是否無誤，或是再重開一次 Ubuntu。如果還能這樣登入，代表你的網路上仍有漏洞，要補起來不難，但沒有修補就代表有潛在大問題。

以 SSH 遠端登入

不論是 macOS 還是 Windows 都內建了 SSH。請從你產生 SSH 金鑰（並將部分金鑰複製到 Ubuntu 系統）的電腦連接你的新 Linux 系統，連線命令如下：

```
$ ssh user@your_ubuntu_ip
Enter passphrase for key '/Users/user/.ssh/id_rsa':
❶ Welcome to Ubuntu (GNU/Linux 5.8.0-44-generic x86_6)
❷ * Documentation:    https://help.ubuntu.com
  * Management:       https://landscape.canonical.com
  * Support:          https://ubuntu.com/advantage

❸ 6 updates can be installed immediately.
  5 of these updates are security updates.
  To see these additional updates run: apt list --upgradable

  Your Hardware Enablement Stack (HWE) is supported until ❹ April 2025.
❺ Last login: Mon Mar  8 17:02:46 from 192.168.1.12
```

當你以 SSH 登入 Ubuntu 時，作業系統會輸出大量的有用資訊。第一行指出目前安裝的作業系統版本 ❶。此外還提供了文件及如何取得協助的連結 ❷，再加上目前已有的系統及已安裝套件的更新清單 ❸。這份有用的清單指出了你何時應該執行先前「安裝系統套件」一節所述的 update 命令。緊接著 Ubuntu 會顯示你的作業系統支援何時過期 ❹，以及何時你需要以 `sudo apt dist-upgrade` 命令升級發行版、或是重建新系統。最後顯示的則是上一次成功登入系統的時間 ❺，這也有助於識別可疑動作。如果前一次登入的時間是清晨 3 點、或是來自一個陌生的 IP 位址，你可能就得調查一下該動作（除非你自己有半夜管理網路及系統的壞習慣）。

#7：捕捉 VM 組態

到了這個階段，如果你採用的是 VM，你的虛擬機應該已經處於相對穩定的階段；你已經做了安全強化設定，虛擬機已經準備好在你的網路上運作了。所以這時最好是把虛擬機狀態儲存起來，萬一發生問題，就可以隨時回到這個狀態，毋須從頭重建系統。使用虛擬機的好處之一，就是可以進行**快照**（*snapshots*）。快照會把虛擬機當下的狀態保存下來，包括電源（開啟、關閉、還是休眠等等），因此你可以在必要時迅速地倒回到那個儲存的狀態。如果是傳統實體系統便做不到這一點，但我們的確都曾面臨這種需要時光機倒退的情況。譬如說，你可以選擇在安裝新程式之前、或是修改 VM 網路設定之前、甚至是刪除某個使用者之前，先拍一個快照。

在 VMware 中建立快照

無論你使用的是何種版本的 VMware，只需以滑鼠右鍵點選你要建立快照的虛擬機，再點選 **Snapshots ▸ Snapshot**，並為快照命名，然後靜待快照完成即可。現在，只要你覺得 VM 出了問題，只需同樣以滑鼠右鍵點選你曾建立快照的 VM，再點選 **Snapshots ▸ Restore Snapshot**，就可以還原到快照當下的已知健康狀態。就這麼簡單。

在 VirtualBox 中建立快照

在 VirtualBox 上，請在 VirtualBox 視窗左側的虛擬機面板中點選 VM 的 menu 按鍵（menu 圖示左半部是三個點、右半部是三條橫線，代表這個選單裡有其他選項），然後點選 **Snapshots**。若要建立快照，就點選 **Take**。為快照命名、點選 **OK** 靜待過程結束即可。若要返回至某快照狀態，在同處點選你建立的快照、再點選 **Restore** 即可。

NOTE　每當你建立快照時，它都會確實地複製你的虛擬機。但快照份量越多，你的宿主機上被快照佔用的空間也會越多。請記住，建立快照時，之前建立的快照如已無作用，就要加以清除。有些雲端業者針對快照所佔用的儲存空間也同樣會收費，因此在你的雲端控制面板上建立快照時請記得這一點。此外，快照並非理想的長期備份方式（第九章時我們會再探討備份）。

網路拓樸

凡是處理資安相關議題時，事先瞭解你的系統及裝置是如何串接並相互溝通的，這一點至關緊要。請牢記這一點，然後我們要來上一堂關於網際網路協定（*Internet Protocol*，*IP*）及 IP 定址的速成課程。IP 是一項標準協定，它定義了資料如何在網路上傳送的格式，讓電腦可以和其他連上網路的裝置彼此溝通。

每一部電腦及其他連接網路的裝置都需要一組 *IP* 位置。IP 位址就相當於郵寄地址或郵政信箱；當電腦 A 發送流量給電腦 B 時，它會把電腦 B 的 IP 位址一併嵌入到發送資料當中。就像是在信封上寫郵寄地址一樣。任何位於這兩部電腦中間的裝置，都知道如何從資料中解譯這個地址，並轉手進行轉遞，直到資料抵達目的地為止，與郵遞過程無異。

網際網路協定共有兩種常用版本，分別是第 4 版和第 6 版，亦即我們會有兩種形式的 IP 位址，即 IPv4 和 IPv6。雖說 IPv6 早在 1990 年代便已問世，但它至今仍未完全普及。我們在本書稍後的章節中不會對 IPv6 多所著墨，因為它遠超出了本書既定的範圍，但讀者們仍應對其來龍去脈略有所知。IPv4 位址常被寫成俗稱的*四個以點區分的十進位數值*（*dotted quad notation*），說白話一點，就是像 192.168.1.1 這樣的寫法。四個數值的範圍皆在 0 到 255 之間，也就是說 IPv4 的定址空間為 0.0.0.0 到 255.255.255.255，共計 4,294,967,296 種可能的位址組合。

當今世上有這麼多連接網路的裝置，IPv4 位址早已不敷所需，這便是何以會有 IPv6 的原因。IPv6 用來定址的空間要大上非常多，整體數量高達 340 trillion, trillion, trillion 個位址。要打個比方，這數量遠比地表所有原子數量還要多出 100 倍以上，這對於數量日益浩繁的網際網路裝置來說十分便利。到頭來 IPv6 終將普及，每個裝置都會有自己的公共 IPv6 位址，直到再次用盡為止（也許耗盡筆者有生之年也看不到）。

由於 IPv4 位址不夠所有人消耗，我們必得設法找出權宜變通之計，讓所有的裝置仍能連上網際網路。辦法之一就是所謂的*網路位址轉換*（*network address translation*，*NAT*）。有了 NAT，就可以透過單一 IP 位址接觸到多個裝置。

當你從家中或辦公室從路由器連上網際網路，你的網路服務供應商便會指派一個公開 IP 位址給你（以及你的整個網路）。你可以利用 *https://www.whatismyip.com/* 之類的服務來判斷自己使用的 IP 為何。IP 位址會經常變動，亦即若是你斷線一陣子、重新再連接網際網路時，通常就會分派到不同的 IP 位址。

你的網際網路路由器會負責把流量從你的私有內部網路轉送（routing）至公共網際網路，反之亦然，這便是你之所以能使用服務及瀏覽網際網路的方式。從高階角度來看，NAT 會利用你的路由器分配到的公共 IP 位址，並將它接收到的流量加以轉譯，因此來自網際網路、要前往某台內部電腦或裝置的流量，才能抵達目的地。這有點像是信件和包裹要寄到郵寄地址所註記的辦公室建築，但抵達後還要靠櫃檯或郵務部門決定要送到內部何處，才能交到收件人手中。反之亦然；從你電腦外出前往網際網路的流量，也必須將電腦的內部 IP 位址轉譯成路由器的公共 IP 位址，然後才能前往預定的目的地，並取回服務內容，像是網頁之類。

我們從公開的網際網路中保留了不同的 IP 位址，專供私有網路使用。私有的網路位址範圍如下：

> 10.0.0.0 到 10.255.255.255
> 172.16.0.0 到 172.31.255.255
> 192.168.0.0 到 192.168.255.255

其他的 IP 位址則構成了可用的公共 IP 範圍，有些仍未被分配使用。

#8：檢查你的 IP 位址

賦予位址的任務通常都是由路由器或伺服器來執行。如果你有一台無線路由器，就可以登入進去，找找用戶清單或是 DHCP 設定之類的內容，就能看出正在使用的位址範圍。抑或是你可以直接檢查自己電腦上的位址。除了要維護一份資產清單和網路配置圖以外，瞭解自己網路上的定址方式，同時意味著你能掌握特定裝置所使用的位址、以及誰負責保管及使用該項硬體、還有它位於何處等等的輔助資料（第八章時會進一步談到資產管理）。

在 Windows 上

在 Windows 上，請點選開始選單，輸入 cmd，按下 ENTER 以便開啟命令提示字元。接著輸入 `ipconfig` 並按下 ENTER：

```
C:\Users\user>ipconfig

Windows IP Configuration
Ethernet adapter Ethernet:
   IPv4 Address. . . . . . . . . . . : 192.168.1.126
   Subnet Mask. . . . . . . . . . . : 255.255.255.0
   Default Gateway. . . . . . . . . : 192.168.1.1
C:\Users\user>
```

輸出會顯示你當下的 IP 位址，以及相應的子網路遮罩值（*subnet mask*），還有你的電腦指定的預設閘道器（*default gateway*）。子網路遮罩代表你的電腦所屬的網路段落，預設閘道器則是你的電腦要抵達其他網路（譬如網際網路）前得經過的第一個裝置。通常就是你的路由器。

在 Mac 上

在 Mac 上查詢 IP 位址的方式大同小異。開啟終端機視窗，鍵入 **ifconfig** 命令，並按下 ENTER：

```
$ ifconfig
--snip--
en0: flags=8863<UP,BROADCAST,SMART,RUNNING,SIMPLEX,MULTICAST> mtu 1500
        options=400<CHANNEL_IO>
        ether 78:8d:43:a4:ce:29
        inet 192.168.1.120 netmask 0xffffff00 broadcast 192.168.1.255
        media: autoselect
        status: active
```

在 macOS 裡，ifconfig 的輸出資訊略有不同：inet 代表網際網路或 IP 位址，netmask 則代表子網路遮罩，broadcast 則代表該網路的廣播位址（*broadcast address*）。這裡的子網路遮罩則是採十六進位寫法（*hexadecimal，hex*），而非十進位寫法。hex 是另一種常為電腦所採用的註記寫法，與三點分離的四段註記寫法不同。廣播位址則是某種網路中特別保留的位址，其用途是發送流量給該網段上所有的裝置（第十章會再談到這一點，屆時會討論網路的安全監控）。

在 Linux 上

在一套 Linux 系統上，請打開一個終端機視窗，輸入以下命令：

```
$ ip addr
--snip--
2: ens32: <BROADCAST,MULTICAST,UP,LOWER_UP> mtu 1500 qdisc fq_codel state UP group default
qlen 1000
    link/ether 00:0c:29:db:ee:7c brd ff:ff:ff:ff:ff:ff
    altname enp2s0
    inet 192.168.1.30/24 brd 192.168.1.255 scope global dynamic noprefixroute ens32
        valid_lft 4106sec preferred_lft 4106sec
    inet6 fe80::66e:1ae7:861f:9224/64 scope link noprefixroute
        valid_lft forever preferred_lft forever
```

IP 位址同樣位在 inet 之後；廣播位置被標示為 brd，而子網路遮罩則改顯示為 /24，這便是所謂的 *CIDR 註記寫法*（*CIDR notation*）。CIDR 也是另一種用來呈現相同的子網路遮罩資訊的簡寫格式。

#9：建立網路配置圖

想要進一步理解你的網路，並得知更多詳情，像是 ingress 和 egress points（亦即流量進入你的網路時的入口、或是離開時的出口），建立一份*網路配置圖*（*network map* 或 *network diagram*）會很有幫助。網路配置圖其實就是以圖象的方式呈現你的網路，讓你一眼就能知道整體架構，並且在進行網路防禦時，輕易就能辨識出潛在的問題。

draw.io（*https://www.draw.io/*）是一套免費又容易使用的雲端編輯工具，讓使用者可以繪製各式各樣的圖表，包括網路架構圖。或者也可以使用 Microsoft Visio，這是商業用的方案，用途則完全一樣。如果你要採用 draw.io，請載入一個 site、再從左側選單打開下拉式選單裡的 Citrix。然後便可挑選任意的呈現物件，如圖 1-2 所示，從左邊的選單拖拉到右邊的繪圖區。

圖 1-2：draw.io 繪圖工具

從基本來說，一個小型網路通常會包含一個數據機／路由器，通常是由網際網路服務供應商所提供，它會串接你的網路及所有的裝置，讓它們可以連上網際網路，此外再加上若干裝置：電腦、筆電、行動裝置、印表機之類的周邊等等。清楚地掌握這些網路上的裝置，會更有助於你進行網路防禦，因為你不但會知道網路內部會有什麼東西連線、會進行何種通訊，也會知道內外網路的通訊模式。

務必隨時更新你的網路配置圖。每當你在網路中添加新電腦、筆電、行動裝置、交換器、虛擬機、甚至是其他系統或裝置時（同樣也要把已不存在的裝置移除），都應該更新網路配置圖。如果有臨時的裝置需要非靜態 IP 位址，或許該從路由器指派一個靜態 IP 位址給該裝置（參閱第四章）。不然至少也該追蹤可能會指派給這類裝置的 IP 範圍。就算該裝置不會總是掛在你的網路上，你仍應紀錄一份會不時連線的裝置清單（第四章會更詳盡地探討這一點），並在網路圖中註記這些 IP 位址。

網路圖應該也要讓你可以判讀，可以在何處施加額外的安全控制，藉以改善安全態勢。譬如說，圖 1-3 顯示的便是一個小型基本網路。

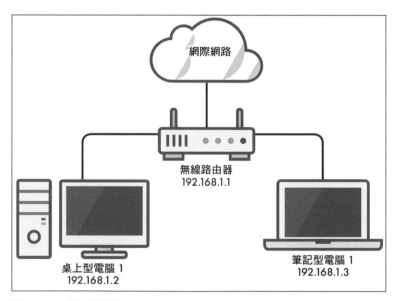

圖 1-3：一個小型網路

這個網路佈局是十分典型的家用網路，一台數據機／路由器將家用網路連上網際網路，所有的端點都以該裝置作為通往公開網路的閘道器。這個網路架構的問題在於，外界也可以從相同管道進入你的私有網路，中間並無多大障礙。大家會從本書稍後的篇幅中學到，如何改善這個網路的安全性，像是在無線路由器和網際網路中間加裝一台防火牆，以便仔細管理入內及外出的流量，同時阻擋可疑的網路進出流量（第三章會仔細介紹防火牆）。

在繪製網路圖時，請盡量蒐集更多關於裝置的資訊，像是 IP 位址、MAC 位址、主機名稱、用途、主要使用者及管理人、位置、序號等等。先從你自己的電腦著手，再進展到行動裝置，像是手機跟平板電腦，然後再進展到其他可能會有的 IoT 裝置——如果你的電視或冰箱也會連上網際網路，務必也要列入紀錄。

#10：傳送檔案

你也許會想要從另一套系統傳送檔案到 Linux 機器上，或是反其道而行，從 Linux 機器傳檔給你的本地電腦。這時你就可以採用最簡單直覺的工具 rsync 來同步檔案和資料夾，它可以同步某系統上的兩個位置、也可以在分居兩地的系統之間運作。要從某電腦傳輸特定檔案到另一部電腦，請這樣執行：

```
$ rsync -ruhP --remove-source-files --protect-args "/path/to/source/" \
    "user@computer_ip:/path/to/destination/"
```

緊貼在 rsync 命令後面的，有四個旗標。旗標 r 代表遞迴（*recursive*），亦即來源資料夾下所有的內容都會被照搬到目的地。旗標 u 代表更新（*update*），亦即 rsync 會檢視目的地位置，若彼處已經存在比來源目錄更新近的檔案副本，就跳過不處理。再過來的旗標 h 則代表典型的便於人為閱讀輸出格式（*human-readable output*）：任何數值（日期、檔案大小等等）都會改以便於閱讀的格式顯示。旗標 P 代表的則是進度（*progress*），這會讓 rsync 特別在輸出畫面時顯示複製進度，以便你觀察有多少資料已完成傳輸、還剩多少要處理、以及預計還要多久時間才能完成。

位於這四個旗標之後的，則是兩項引數，引數 --remove-source-files 會讓 rsync 在成功完成檔案複製後將來源檔案刪除，至於引數 --protect-args 則會讓 rsync 將後續的引數（亦即來源和目的地的目錄）視為個別單一字串，而不管它們是否被空格字元分開，因為若無這個動作，終端機通常會將空格前後的字串視為各自不同的目錄。這樣萬一你的來源路徑中間真的包含空格字元，命令便會將路徑中空白字元前後的每一段字串解譯為不同的路徑。目的地路徑也是如此。如果你不想刪除來源檔案、抑或是你很肯定自己的來源和目的地目錄都不會包含空格字元，這兩個引數便可有可無。

實際上，兩部 Linux 伺服器之間的傳輸命令輸出可能會是以下的模樣（第五章會再仔細說明）：

```
$ rsync -ruhP --remove-source-files --protect-args test.txt \ user@192.168.1.30:/tmp
Enter passphrase for key '/Users/user/.ssh/id_rsa':
sending incremental file list
test.txt
                0 100%    0.00kB/s    0:00:00 (xfr#1, to-chk=0/1)
```

正如我們在「遠端存取防護」一節中所提過的，記得要輸入成對 SSH 金鑰附屬的密語，而非用來傳輸檔案的使用者帳號本身的密語。畫面下方還包括了進度百分比、目前的傳輸速度、預期剩餘的時間、以及還剩多少檔案要傳送等等。

NOTE rsync 最為人稱道之處，就是它可以從中斷的地方繼續恢復傳輸。當然你也可以改用安全檔案傳輸協定（Secure File Transfer Protocol，SFTP）和安全複製協定（Secure Copy Protocol，SCP）在系統之間傳輸檔案，但這兩者都無法在中斷之後繼續從中斷處恢復傳輸，因此一旦被中斷便會損失先前已傳送的成果，必須從頭再來一遍，這對於大型檔案或目錄的傳輸極為不利。有鑑於此，rsync 顯然就比 SFTP 和 SCP 要來得出色，因此本書接下來都會以 rsync 為主。

總結

在這一章裡，讀者們建立了自己的第一台 Linux 機器，並強化了其安全性，在接下來的章節中我們會陸續以這台機器來執行範例。讀者們也學到了如何強化 Linux 系統以便提升其安全性及整體安全態勢，像是利用成對的 SSH 金鑰來建立安全的 SSH 組態，以及如何管理網路上使用者等等的基礎知識。大家也學到了如何對應網路拓樸、以及電腦和其他裝置如何互相串連、還有它們彼此之間如何通訊等等。第二章會介紹如何安排你的網路佈局，以便用較保守的方式提升整體安全性。

2

架構並切分你的網路

根據你用來建構及分割網路的方式，可以在最短時間、最少精力及花費的情況下，提供最顯著的安全改善成效。一份良好的網路分割計畫，可以讓你把不同風險的裝置及不同類型的使用者區隔開來，並指出你可以在環境中的哪些位置加強安全控管。

舉例來說，你的物聯網（internet of things，IoT）裝置很可能無法像 Windows 作業系統那樣經過詳盡測試、也不會經常地更新和維護，因為它們所採用的技術可能較為罕見、不會普及到廣為人所見。這種性質使得該類裝置更顯脆弱，相對於其他常用的技術也更不安全。因此，若能將此類脆弱的端點集中在一個邏輯上或實體上加以分割的網路，就可以減低外界刺探這些裝置的風險，進而防範對方透過網路繼續刺探其他電腦。一旦你把裝置區隔開來，就可以考慮施加額外的控管——像是入侵偵測或防範系統等等——及其他網路安全監控和警示解決方案，我們會在第十章時探討這些議題。

在這一章當中，我們要來討論用於分割網路的硬體類型、其各自的優缺點、若干我們推薦的解決方案，還有如何從實體上或邏輯上區隔網路的組態方式，以及利用乙太網路和無線網路裝置的設定來分隔裝置。

網路裝置

集線器（hubs）、交換器（switches）和路由器（routers）都可以用來分割網路。其中有些還具備較豐富的功能、或是在設計本質上更強大和安全。根據你的需求，可以選擇其中之一、或是混搭這些裝置。

集線器

網路集線器（*network hub*）是一款最基本的裝置類型，能把多部電腦串在一起彼此通訊。在小型網路中使用集線器是相對安全的，但是在較大型的網路中，可能就會造成一些重大的問題。當主機 A 連接至集線器、並與在相同集線器上的主機 B 通訊時，其間交換的資料（以乙太網路訊框呈現的封包）便會從主機 A 進入集線器的某一個埠，然後集線器便會將該資料廣播給所有其他的埠。這意味著網路上所有其他的端點都會收到這份原本只應抵達主機 B 的資料，這說起來並不安全。此外，由於集線器並非智慧型裝置，因而所有的埠都位於同一個碰撞域（*collision domain*）。亦即若是兩部以上的裝置意欲同時通訊，流量便會產生碰撞，造成網路效能問題。一旦發生碰撞，發送端裝置便會停止通訊，並等待一段隨機長度的時間，然後才會再度嘗試通訊，理想上應不至於再度引起碰撞，但若真的發生了，就只能再度等待下次通訊。

鑑於集線器的功能有限，它的價格通常也較低廉，部署也很簡單，但它的延展性不佳。如果你有相當數量的裝置需要通訊，最好是改用交換器。

交換器

相較於集線器，交換器（*switches*）在網路上轉發流量時，會依據連接至交換器的端點，以實際的硬體位址（MAC）來當成發送依據。當主機連接到交換器、並與網路上其他主機通訊時，資料會從發送端進入交換器埠，接著交換器便會依據資料目的地的 MAC 位址，判斷應送往哪一個埠。交換器會在記憶體中留有一份 MAC 位址清單，因此它知道端點在網路上的位置。交換器的每一個埠都自成一個碰撞域，因此若有兩部主機同時嘗試進行通訊，不會像集線器一樣出現碰撞——因為封包傳輸時彼此根本見不到對方。這意味著資料不至於廣播給網路上的所有裝置，因而使得交換器天生就比集線器要安全一些。

網路上的交換器可以用任何規模加以運用。小型網路的端點有限,很少需要用到超過一部交換器。

路由器

路由器(*router*)原本是用來在不同的網路之間、或是在網段(network segments)之間傳送資料的。譬如說,你連結所有端點的本地 intranet,屬於私有網路(private network)。而網際網路則是極為龐大的公用電腦網路,它與你的私有網路是分隔開來的。路由器就是兩者之間的管道,讓你可以從任一端存取另一端、以及瀏覽網際網路。如果說交換器是以 MAC 位址通訊,路由器便是以 IP 位址為主。所有連上網際網路的網路,都會採用某種類型的路由器。在小型網路中,能將你的網路連上網際網路服務供應商的邊界路由器(border router),多半就是你唯一會用到的路由器。

建立信任區域

網路分割(*network segmentation*)是一種將網路切分成較小部分的方式,這些較小的部分被稱為子網路(*subnets*),此舉可以提升整體效能及網路安全性。你可以透過實體上或邏輯上的方式將裝置分隔開來,達到分割網路的效果。

實體分割

無疑地,分割網路最簡單的方式,便是以實體上不同的硬體(實體上的分割)來隔離各種裝置。譬如說,你可以拿一部無線路由器供電腦使用,另一部則專供行動裝置使用。抑或是你可以把第一部路由器給所有個人裝置使用,而另一部則專供所有 IoT 裝置使用。

將你的裝置和使用者加以分門別類,就相當於將其置入信任區域(*trust zones*),亦即把最重要的資料和資產跟其他較脆弱的裝置分隔來。將需要更多安全和監控的裝置和安全需求較低的裝置分開,就可以節省一些維護的負擔,讓你能專注在重要資產上,而不必為次要資產過分操心。

一旦分開了不同類型的裝置,你的網路安全性便能提升,因為以其中一種類型裝置的弱點為目標的攻擊,並不能讓攻擊者可以就此在你的網路上通行無阻。隨著家電日益蛻變成為智慧型裝置,這一點也變得日益重要。

對於攻擊者而言,實體上的網路分割會比邏輯上的分割方式令其更難以克服。但這種方式的缺點會讓管理負擔加重,也會增加硬體及其他基礎設施的成本,而且可能還需要為每一個網路都準備額外的網際網路連線。

邏輯分割

邏輯上的分割則是比實體分割更為常見的方式，通常施行起來也比較划算，因為它不需要為每個網段都引進個別的實體硬體。邏輯上的分割通常可以透過所謂的虛擬區域網路（*virtual local area networks*，VLAN）：亦即系統們看似位於同一個區域網路中、但邏輯上卻是跟位於其他 VLAN 的系統分隔開來的。有能力建立和管理 VLAN 的交換器，被稱為是管理型交換器（*managed switches*）。每個 VLAN 的運作就像是一個存在實體交換器中的虛擬交換器。將交換器的埠分配給特定的 VLAN，就像是把網路纜線插進不同的特定交換器一樣。

舉例來說，你可以把一台八埠的 Netgear GS308E（或類似機型）這樣的交換器串在寬頻路由器背後，讓串接其上的端點可以藉此連上網際網路。然後在交換器內部，你可以建立不同用途的 VLAN，像是管理用的 VLAN，業務或個人用的 VLAN 則給主要端點使用，另外就是給較缺乏安全機制的裝置使用的訪客用 VLAN，像是手機或物聯網裝置等等。

一旦建立了 VLAN，你就可以把交換器上的八個埠配屬給不同的 VLAN，使得每個 VLAN 及其中擁有的裝置能以邏輯方式彼此區隔，即使它們其實是連接到相同的單一實體裝置。當然了，這種方式對於有線網路的裝置最為有效，無線網路裝置便沒有這種優點，除非你也能用多個無線網路接入點（wireless access points）來搭配分割。

#11：分割網路

在小型網路中，我們會建議按照端點的存取類型、以及它們安全性等級及所需的監控方式來分類，定義出信任區域，並據以進行網路分割。

譬如說，你的主要網段應該含有主要裝置，其中包含或是能存取你的私人資料，像是電子郵件、聯絡人、各種訊息，以及位於雲端服務（像是 Google Drive 或 Dropbox）的資料。這個網段必須規劃成最安全的，並以最嚴格的安全需求來定義，同時加上最多的監控和偵測機制。

第二個網段則是供給那些相對不需跟主要裝置通訊、或是不會觸及主要資料的裝置，像是物聯網或其他連線裝置——譬如智慧型照明、印表機、以及像是 Google Chromecast 之類的投影裝置等等。所有這些裝置都應該分開位於自己的網段，因為它們不像你的主要裝置那般安全；此舉可以抑制外來者利用它們成為你的網路敲門磚的風險。這個網段需要的安全控制較少，因為它們並不包含關鍵性的資料或資訊。

接著你還可以再劃分出第三個網段，專供其他端點使用，像是訪客網路之類。同樣地，這個網段也不需要像是主要網段那般嚴格的安全控管和監控。

最後，根據你的網路上既有的（或是預期會有的）裝置類型，你也許需要一個具備極為嚴格存取規則的網段。你可能根本不想讓這個網段中的裝置連上網際網路，像是閉路電視或安全攝影機等等。像這樣嚴格控管的網段，還需要搭配其他的考量，例如網段中的裝置要如何取得更新等等。

分割網路的方式甚多。我們會詳細說明如何達成有效的網路分割，首先是採用分離的無線網路，然後是以 VLAN 進行乙太網路分割。如果有必要，你可以搭配這些做法。

乙太網路分割

你可以採用能將特定乙太網路埠指派給 VLAN 的乙太網路交換器，藉此以邏輯的方式分割網路和其中的裝置。像 Netgear GS308E 便是一款高貴不貴的管理型交換器，具備我們所需的功能，而且在小型網路中安裝它既快速又簡單。這是我們在以下網路組態範例中會借鑑的機型。你可以直接向 Netgear 或其他線上供應商選購 GS308E，也可以在 eBay 上買二手機。或者筆者也會建議大家考慮選購 Ubiquiti 系列的網路設備，雖然貴一點，但使用起來既親切、功能又多。

VLAN 可以用來分隔信任區域。理想上多半只有在大型網路中才會以兩個不同的實體交換器來完成配置。若是你的交換器設定有誤，安全程度不同的網路和裝置可能會彼此通訊，但若是兩部實體分離的交換器，就不太可能發生這種事。然而在小型網路中，我們多半無法享有這麼多裝置；成本決定一切。因此我們會選擇次佳的做法，以 VLAN 的虛擬方式來分離網路。

NOTE 採購兩套缺乏進階管理功能（譬如 VLAN）的交換器，也許會比買一台具備 VLAN 功能的交換器便宜。但這種方式會形成兩個以上由單一交換器組成的實體隔離網路。如果兩者都需要用到網際網路，你還需要為每個網路都提供個別的網際網路連線，或是採用可以從邏輯上隔開這兩個交換式網路的閘道器。這種情況下你還是最好一開始就投資購買貴一點的管理型交換器。因為採用非管理型交換器並非本書的目標，而且它們多半都是隨插即用，並不需要多少額外的設定，其架構也沒有管理型交換器那樣安全。

一旦交換器就位，初步設定通常都很直接：

1. 拆箱，接通交換器電源。
2. 用乙太網路線材接通數據機／路由器（或任何提供網際網路連線的裝置，像是第三章會介紹的 pfSense 之類）。

3. 有三種方式可以找出交換器的 IP 位址：

    a. 如果你的網路上有任何裝置提供 DHCP，交換器便能藉此取得 IP 位址。你可以觀察從路由器或其他 DHCP 提供者發出的 IP 位址，做法如第一章所述。

    b. Netgear（以及大部分網路設備製造商）提供了一支應用程式，可以找出你網路上的交換器。請到 *https://www.netgear.com/support/product/netgear-switch-discovery-tool.aspx* 下載 Netgear Switch Discovery Tool（NSDT）。下載、安裝並執行該工具，藉以辨識網路上的交換器。

    c. 交換器出廠時會預設 192.168.0.239 這個 IP 位址。如果以上方式不管用，就可以利用這個預設 IP 位址連線進入交換器的網頁式設定介面。

4. 一旦你找出或設好交換器的 IP 位址，請用瀏覽器進入該 IP 位址，並以預設密碼登入（交換器說明書通常都會註記）。

5. 它會提醒你更改管理用密碼。筆者建議大家照做，因為預設密碼極不安全。

這時你應該會看到交換器資訊（例如名稱、序號、MAC 位址等等）的摘要頁面。請把這些資訊填到你的資產清單和網路配置圖當中。

完成後，你可以準備設定 VLAN 了。交換器會把網際網路連線功能再轉遞給接在交換器上的裝置。在 Netgear 交換器上設定和運用 VLAN 很容易，做法通常也適用於他牌的管理型交換器：

6. 以管理員身分登入交換器。

7. 在網頁介面上方找到 VLAN 頁籤，如圖 2-1 所示。

8. 在左側的選單點選 **Advanced**，以便檢視進階 VLAN 選項。

9. 把 Advanced Port-Based VLAN Status 從 Disable 切換至 Enable，如圖 2-1 所示。

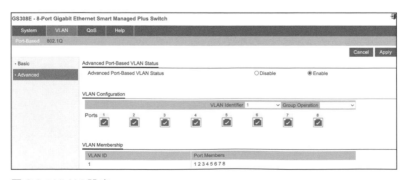

圖 2-1：VLAN 設定

接著你必須將交換器上的實體乙太網路埠指派給特定的 VLAN。為你網路上的每一個信任區域設定一個 VLAN。如果你需要把最需要安全的裝置集中到一個主要的網路、訪客裝置則置於次要網路，還要把物聯網裝置放到第三個網路，你就得設置三個不同的 VLAN。如果設定新 VLAN 就相當於建立新的實體區域網路，上有新交換器和路由器，那麼將埠指派給 VLAN 就相當於將裝置插進實體交換器。如果你將 VLAN 視為分隔的網路，那麼將每個埠指派給 VLAN，便相當於讓交換器知道每個埠所隸屬的邏輯網路，而且只有位於相同 VLAN 的埠和端點才能彼此通訊。

10. 在 VLAN Identifier 下拉選單裡，選出你要設定 VLAN 的 ID。

11. 對於每個要加入至這個 VLAN 的實體埠，請確認勾選該通訊埠。如果是不該與這個 VLAN 通訊的埠，就不要勾選，最後點選 Apply。

    當你把裝置插到這些埠，便相當於分配到了 VLAN，這些裝置只能在該 VLAN 範圍內通訊。

12. 為了把相同的埠從 VLAN 1（預設 VLAN）移除，請從下拉式選單選擇 **VLAN 1**。點選相關的埠，直到顯示為空白未勾選為止。點選 **Apply**。

為了測試你的 VLAN 組態，請把一個端點接上交換器其中一個已指派 VLAN 的埠，再把另一個端點接上仍為預設組態的埠、或是已指派不同 VLAN 的埠。如果兩者之間無法以 ping 測通，就代表你的 VLAN 設定正確無誤。

總結

在這一章當中，你已經為裝置分辨並建立了信任區域。這樣一來，你就可以分割網路，把需要高度信任及安全性的裝置跟信任度低的裝置分開。你可以用交換器隨意建立需要數量的網段，讓網路和其中的裝置更為安全。

3

以防火牆過濾網路流量

所謂的防火牆（*firewall*），是一種會監控並過濾進出網路流量的裝置。坊間常有一種錯誤的認知，覺得防火牆總是最後一道防線；但事實上，所謂的邊境防火牆（perimeter firewall）應該是外界嘗試刺探任何網路時（不分規模大小）遇上的第一道障礙。每當瀏覽器存取某個網站、或是通訊程式發送一道訊息、還是你的電郵用戶端在收發郵件，所產生的流量在途中應該都會遇上至少一道防火牆。

在本章當中，讀者們會探索兩款防火牆解決方案：iptables 和 pfSense。在 Linux 裡，iptables 通常被當成主機防火牆來使用（亦即允許或拒絕對特定端點的流量通過）。而 pfSense 則有不同的實施方式，它可以是開放原始碼的軟體式防火牆，或是以 Netgate 販售的裝置設置的硬體防火牆，通常用來當作邊境防火牆，負責過濾出入整個網路或網段之間的流量。

防火牆的類型

所謂的**硬體式防火牆**，指的是可以在實體上或邏輯上安裝於網路中的防火牆。而**軟體式防火牆**指的則是在端點上安裝的應用程式型態，但兩者和串接其上的裝置都需要相當程度的組態設定，才能有效地過濾流量^{譯註4}。單獨或合併使用兩者，便能有效地縮小**受攻擊面**（*attack surface*），所謂的受攻擊面，廣義上包含了外界可以嘗試滲透、破壞或刺探網路的點。理想上受攻擊面自然是越小越好。

所謂的**邊境防火牆**（*perimeter firewall*），通常安裝在你的私有網路和其他網路之間（譬如網際網路），它可以是軟體式或硬體式的防火牆。邊境防火牆位於網路在實體上或邏輯上的邊界，因此它會成為從公開網際網路進入你內部網路的流量的首站，也是你的流量要前往網際網路前會途經的最後一站，如圖 3-1 所示。

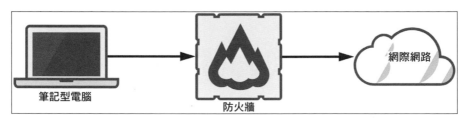

圖 3-1：一部邊境防火牆

防火牆會根據所謂的**規則集**（*ruleset*）來允許或拒絕（阻擋）流量進出，而所謂規則集，指的是一個既定的規則清單。這些規則套用在流量上的方式，則是由你採用的防火牆類型來決定的。最常見的類型便是所謂的**封包過濾型防火牆**（*packet-filtering firewall*），它會拆解嘗試進出你內部網路的資料裡的每一個封包，並依照規則集檢查該封包。如果封包的內容正好符合防火牆規則集中的某一條規則，防火牆便會根據規則的指示，允許或拒絕相關流量通過。

此外還有所謂的**有狀態**（stateful）和**無狀態**（stateless）防火牆。有狀態的防火牆會追蹤所有的出入連線，並將每個連線視為兩個端點間獨特的會談來加以監控。這種方式會讓防火牆掌握任何連線的來龍去脈，並進一步從細部控制流量。相較之下，**無狀態**的防火牆便不會記錄任何連線的資訊。本章介紹的 iptables 和 pfSense 都屬於有狀態的防火牆。

幾乎所有的作業系統都內建了軟體防火牆，亦即所謂的**主機式防火牆**（*host-based firewall*），它會過濾該主機的相關流量。大部分的 Windows 和 Mac 裝置都附帶了

譯註4　如今的軟體式防火牆定義可能不僅僅是指端點內安裝的應用程式而已。許多 SDN（software defined network）裝置也會以虛擬機的形式，在硬體的 hypervisor 中運作防火牆的 instance，這種也算是軟體式防火牆──雖然它是以虛擬化形式運行在某種硬體上。

現成的主機式防火牆，其基本規則集並非鉅細靡遺、但足夠實用。依照設計，這類的防火牆就是只會依尋常的用途運作；使用者毋須自行設定防火牆，因而減少了造成混亂的機會、以及對於電腦製造商額外的技術支援需求。但是在 Linux 裝置上，你就得設定防火牆──下一小節就會學到這一點。

要讓你的網路具備額外的防護層，最好是合併使用主機式防火牆和邊境防火牆，並正確地設定它們。

iptables

Linux 的 iptables 工具程式，在過濾進入、穿越或離開網路的流量時，提供了可觀的彈性。這種防火牆會將規則安排成所謂的*策略鏈*（*policy chains*），其中列舉的規則會分析和比對封包的內容。每個規則都會決定防火牆對符合規則定義的封包要如何反應──可能是允許、拒絕或是直接棄置封包。當封包被允許時，它會若無其事地通過防火牆。若是被棄置，防火牆也不會對發送端發出任何回應。但若是封包被拒絕，防火牆便不只會棄置封包、還會額外對發送端回覆一個拒絕的訊息，說明拒絕的緣由及防火牆相關資訊。

策略鏈主要有三種類型：*輸入鏈*（*input chains*）、*輸出鏈*（*output chains*）、以及*轉發鏈*（*forward chains*）。輸入鏈決定是否要允許特定流量從外部來源進入網路，像是來自遠端位置的*虛擬私人網路*（*virtual private network*，VPN）連線之類。VPN 是一種從邏輯上──而非實體式的──連結個別網路的方式，通常用於讓某個網路可以遠端操作另一個網路。第五章會詳細介紹 VPN。

輸出鏈則代表防火牆是否要允許特定外出流量前往外部網路。譬如說，*網際網路訊息協定*（*Internet Control Message Protocol*，ICMP）是一種主要用來診斷網路通訊問題的工具。ICMP ping 的封包便屬於外出流量，會被交給輸出鏈處理。ping 相當於某個裝置去查詢另一個裝置，通常可以判斷兩者之間能否建立連線。你得允許 ping 封包從你的裝置出發，通過防火牆，然後跨越公共網路上的若干其他裝置，最終抵達其目的地。如果你的輸出鏈阻擋了 ICMP 流量，你的裝置便無從以 ping 檢查任何對象，因為防火牆阻擋或棄置了這類封包。

在大部分情況下，有狀態防火牆的規則會允許新建及後續已建立的連線通過。譬如說，如果你建立了一條輸出鏈，允許裝置去 ping Google，你就必須告知防火牆，要允許和已建立連線相關的返回對內流量。不然的話，你的裝置便會把 ping 送出到 Google，並通過防火牆，但 Google 的回應卻會被防火牆擋下來。

轉發鏈則會把你的防火牆接收的流量再轉發給另一個網路。對於小型辦公室或居家網路而言，主機式防火牆鮮少採用轉發鏈，除非該防火牆還設定兼任路由器。邊境防火牆則一定會以轉發鏈將流量從你的內部網路轉往外部網路，或是從某個網段轉往另一個網段,其間可能還要加上第一章介紹過的網路位址轉換(network address translation,NAT)。然而這類組態對於小型網路來說已嫌過份複雜,因此多半適用於企業網路。

透過策略鏈,你就能鉅細靡遺地控制途經你網路的流量。在接下來的章節裡,讀者們會建立若干 Linux 伺服器,每一部都有自己的主機式防火牆。筆者建議依照以下指示,為它們每一部都設定 iptables。

NOTE iptables 無法防衛 IPv6 網路及其流量的安全。如果你打算在網路中採用 IPv6,就必須在 iptables 以外再加上 ip6tables。除非你真的是 IPv6 網路重度用戶,筆者建議你還是把 IPv6 完全關閉。第四章會說明如何關閉 IPv6。

#12:安裝 iptables

如果你已經按照第一章所述步驟建置了標準的 Ubuntu 伺服器,就可以著手設置 iptables 防火牆了。一旦你掌握了基本知識,就可以利用這些知識在所有的 Linux 端點上設定 iptables。如果你還未建立你的 Ubuntu 系統,現在就可以回頭進行。

最近的 Ubuntu 版本都已預先安裝了 iptables,因此只需用 SSH 登入為標準非 root 使用者,並執行版本檢查:

```
$ sudo iptables -V
[sudo] password for user:
iptables v1.8.7 (nf_tables)
```

如果已安裝了 iptables,伺服器便會傳回如上的版本資訊。當然你所見的版本也許會略有差異。

如果尚未安裝 iptables,就會看到錯誤訊息,這時請著手安裝 iptables:

```
$ sudo apt install iptables
```

一旦安裝完畢,再次執行版本檢查,確認已經安裝無誤。

接著請安裝 iptables-persistent 這個工具,它會儲存你的防火牆組態,並在伺服器重啟時自動重新載入組態:

```
$ sudo apt install iptables-persistent
```

這時你的終端機視窗會出現一個安裝精靈。你眼前會看到一個伺服器用來儲存防火牆規則的檔案（預設檔案會是 */etc/iptables/rules.v4*），精靈會告訴你，檔案中這些規則會在你的系統啟動時載入。此外你還得手動將安裝程序以外的防火牆規則異動儲存起來。選擇 **Yes** 把最新的防火牆規則存起來。如果你沒有安裝這個元件，每次重啟伺服器時就都得重新設定你的防火牆。

你可以檢視現有策略鏈如下：

```
$ sudo iptables -L
[sudo] password for user:
Chain INPUT (policy ACCEPT)
target     prot opt source                destination
Chain FORWARD (policy ACCEPT)
target     prot opt source                destination
Chain OUTPUT (policy ACCEPT)
target     prot opt source                destination
```

在輸出畫面中，policy ACCEPT 指出 iptables 預設會以接受的方式處理所有輸入、輸出及轉發的流量。這種預設行為是刻意安排的，因為這樣即使使用者未曾進行設定，它也能運作如常。但這是不安全的做法，因此我們要動手修改。

iptables 的防火牆規則

在建立 iptables 規則時，請務必記住，順序至關緊要。當流量抵達防火牆時，iptables 會根據規則出現的順序來進行檢查。如果有流量符合某一條規則，iptables 便不會再比對其他規則——如果在你的 50 條規則的清單裡，第一條就拒絕了所有流量，防火牆便會根據它拒絕並停止處理該流量，這便相當於阻斷了整個裝置。抑或是同樣在你的 50 條規則的清單裡，第一條就允許了所有流量，那麼所有的流量都會通過防火牆。這兩種情況你都應該予以避免。

要理解如何建構一條 iptables 防火牆規則，請看下例：

```
$ sudo iptables -A INPUT -p tcp --dport 22 -m conntrack \
    --ctstate NEW,ESTABLISHED -j ACCEPT
```

緊跟在 sudo 後面的，是 iptables 要求開始定義規則。緊接著的引數則決定是要在指定的策略鏈中添加規則（-A）、還是要刪除規則（-D）、抑或是插入規則（-I）。你也可以在此用 -R 指名要替換或更新某一條既有的規則。INPUT 代表會更動輸入鏈中的一條規則。你也可以在此使用 OUTPUT、FORWARD 或任何其他策略鏈。

在多數情形下，iptables 還需要知道規則涉及哪些協定及通訊埠。在上例中，-p tcp 指出該規則只適用於 TCP 的流量，而 --dport 22 則是指示 iptables，該規則還只適用於目標通訊埠為 22 的封包。這兩個設定都屬於選擇性使用（optional）。

你還可以同時指定多重通訊埠，語法是這樣的：`--match multiport --dports port1,port2,port3`。

NOTE 傳輸控制協定（*Transmission Control Protocol*，TCP）屬於一種可靠的傳輸協定，其設計可確保封包一定能成功經由網路完成傳遞。如果一部電腦在使用 TCP 的通訊過程中遇上封包遺失，這些遺失的封包會被再次傳送，確保所有發送的資料到頭來都一定能被目的地端主機收到。但使用者資料包協定（*User Datagram Protocol*，UDP）就是屬於不可靠的協定，它不會設法確保資料成功傳輸、也不會嘗試重傳遺失的資料。UDP 通常用在就算部分封包遺失也無妨的場合，這樣可以讓連線較為快速。TCP 則通常用在可靠性至關緊要的場合，因為每個封包都必須成功傳到目的地。

iptables 防火牆提供了多種比對用的模組，你可以利用引數 -m 來指定要引用哪一個模組。在上例中，conntrack 這個工具允許你進行有狀態的封包檢查（這也屬於選用功能）。其他工具還包括 connbytes，這是依據流量的總量來建立規則的，而 connrate 則是比對及媒合流量的傳輸率。詳情請到 *https://linux.die.net/man/8/iptables/* 參閱 iptables 的 man page。

接著，--ctstate 會指示 iptables，允許並追蹤後續指定的連線類型──在上例中便是 NEW 和 ESTABLISHED。代表連線狀態的值有很多，但最常用的要算是 NEW、ESTABLISHED、RELATED 和 INVALID 等等。new 和 established 這兩種狀態的用意一望即知；代表封包屬於新建或已建立流量的一部分。related（相關的）封包並不一定符合已建立的連線，但它們的存在原本就在防火牆預料之中，因為既有的連線會需要它（亦即按照防火牆當下的背景，會預料到其存在）。invalid（無效的）封包則代表不符任一其他狀態條件的任何封包。

最後，iptables 會解析 -j 及其後的動作，作為規則比對相符時最終行動的（執行）根據。通常不是允許符合規則流量的 ACCEPT、就是拒絕或阻擋流量的 DROP 或 REJECT；抑或是 LOG 以便將流量紀錄到日誌檔案中（稍後會再詳述）。

現在你已經瞭解 iptables 規則的基礎，可以據此設定你的防火牆來允許或拒絕流量了。

設定 iptables

要設定 iptables，首先請加上會棄置無效流量的規則：

```
$ sudo iptables -A OUTPUT -m state --state INVALID -j DROP
$ sudo iptables -A INPUT -m state --state INVALID -j DROP
```

然後添加規則，以便允許和既有連線相關的流量，同時還加上已建立連線和 loopback 位址，以避免稍後發生問題（*loopback* 位址是一種內部位址，電腦透過它來測試和診斷網路問題）：

```
$ sudo iptables -A INPUT -m state --state RELATED,ESTABLISHED -j ACCEPT
$ sudo iptables -A OUTPUT -m state --state RELATED,ESTABLISHED -j ACCEPT
$ sudo iptables -A INPUT -i lo -j ACCEPT
```

這樣一來，防火牆便會接受與已知的連線符合、或與進行中連線有關的流量，同時棄置任何預料外的封包（這可以保護你的網路躲過不請自來的、或是惡意的網路掃描動作）。

一旦你執行以上命令，將規則納入策略鏈，請再執行以下命令，確認它們已被接受：

```
$ sudo iptables -L
Chain INPUT (policy ACCEPT)
target     prot opt source          destination
DROP       all  --  anywhere        anywhere             state INVALID
ACCEPT     all  --  anywhere        anywhere             state RELATED,ESTABLISHED
ACCEPT     all  --  anywhere        anywhere
Chain FORWARD (policy ACCEPT)
target     prot opt source          destination
Chain OUTPUT (policy ACCEPT)
target     prot opt source          destination
DROP       all  --  anywhere        anywhere             state INVALID
ACCEPT     all  --  anywhere        anywhere             state RELATED,ESTABLISHED
```

注意規則已經加入到 INPUT 和 OUTPUT 兩個鏈之下。但 FORWARD 鏈此時仍是空的。

接著請確認你的防火牆會允許 SSH 流量。這有兩種做法：一是全面允許 SSH、或是只允許來自你的網路中部分裝置的 SSH。要允許來自你的網路上任何裝置的 SSH 流量，請這樣做：

```
$ sudo iptables -A INPUT -p tcp --dport 22 -m conntrack --ctstate NEW -j \ ACCEPT
```

建立範圍廣泛的規則，對於需要從網路中多種裝置進行 SSH 連線時會很有幫助。然而，允許無限制地使用程式、並讓協定保持完全開放，並不是最安全的做法。你應該只允許 SSH 來自（或前往）特定的 IP 位址或範圍，因為過份開放端點和任意其他裝置之間的遠端存取或是檔案傳輸，是有風險的。

你可以在輸入鏈中用 -s *source* 選項定義來源 IP 位址或範圍（譬如 192.168.1.25），以便縮小受攻擊面，因此若是你正在一部虛擬機上設定 iptables，就可以選擇只允許從單一主機連線進行管理，並拒絕來自網路上所有其他裝置的存取：

```
$ sudo iptables -A INPUT -p tcp -s 192.168.1.25 --dport 22 -m \
    conntrack --ctstate NEW -j ACCEPT
```

我們用 -A 把這條規則附加到 INPUT 策略鏈當中，並指定目標通訊埠為 22、協定是 TCP。只要是此類型的 NEW 連線，iptables 便會以 ACCEPT 處理符合規則的流量。通訊埠可以是任意值；只要確認它同時符合你的 SSH 組態和防火牆規則即可。如果規則允許 SSH 使用 22 號通訊埠，但是你的 SSH 組態開放使用的卻是 2222 號通訊埠，這樣防火牆便會擋下 SSH 連線。

萬一你弄錯了，只需使用相同命令，但改以 -D 取代 -A，就可以把該規則刪除：

```
$ sudo iptables -D INPUT -p tcp -s 192.168.1.25 --dport 22 -m conntrack \ --ctstate
    NEW,ESTABLISHED -j ACCEPT
```

抑或是你可以一口氣刪除所有曾為策略鏈指定的規則，做法是 -F *chain*，或是 --flush *chain* 這組參數：

```
$ sudo iptables -F INPUT
```

有了這些基本規則之後，現在你可以告訴 iptables 如何處理其他類型的流量了（亦即你不想令其出入主機或網路的內容）。一旦你明確地訂好規則，允許特定的流量出入防火牆，就可以進一步阻擋、拒絕或棄置其他的內容。當然這一切都應該在你已經設定好需要的防火牆規則後方可進行；不然就可能會阻斷所有必要的連線、甚至無法以 SSH 重新連線進入。如要把預設處理方式改變為阻斷，請利用引數 -P 來設定策略鏈的預設行為，讓 iptables 知道要如何處理與任何已知規則皆不符的流量。這必須將策略鏈的預設行為改成 DROP 前述流量：

```
$ sudo iptables -P INPUT DROP
$ sudo iptables -P FORWARD DROP
$ sudo iptables -P OUTPUT DROP
```

像這樣引用 -P，跟先前引用 -A 和 -I 的用意不同，因為它影響的不會是防火牆規則本身；而是跨越策略鏈處理網路流量的方式。至於 -A 和 -I 不過就只是分別對防火牆附加或插入規則而已，但 -P 卻是從較高的層級來設定防火牆行為。

現在再度檢查你的 iptables 鏈：

```
Chain INPUT (policy DROP)
target     prot opt source            destination
DROP       all  --  anywhere          anywhere            state INVALID
ACCEPT     all  --  anywhere          anywhere            state RELATED,ESTABLISHED
ACCEPT     all  --  anywhere          anywhere
ACCEPT     tcp  --  192.168.1.25      anywhere            tcp dpt:22 ctstate NEW
Chain FORWARD (policy DROP)
target     prot opt source            destination
Chain OUTPUT (policy DROP)
target     prot opt source            destination
DROP       all  --  anywhere          anywhere            state INVALID
ACCEPT     all  --  anywhere          anywhere            state RELATED,ESTABLISHED
```

注意所有三種鏈的策略都已經從 ACCEPT 改變成 DROP，代表每一個鏈的預設行為都已改成棄置與先前你所建立規則不符的任何流量。請把以上的輸出和先前的 iptables 規則輸出逐一比較，應該可以辨識出你加入到鏈中的規則。這時你可能已經收到許多 DNS 查詢失敗的錯誤訊息，因為你並未明確告訴防火牆還要允許哪些流量通過，而是一律棄置處理，連 DNS 都不例外（它需要 53 號通訊埠）。解決之道自然是要加上新的規則：

```
$ sudo iptables -A OUTPUT -p udp --dport 53 -m conntrack --ctstate NEW -j ACCEPT
$ sudo iptables -A OUTPUT -p tcp --dport 53 -m conntrack --ctstate NEW -j ACCEPT
```

這些命令會在輸出鏈中附加新規則，允許此一伺服器直接對外發出網域名稱解析請求，做法是經由 UDP 和 TCP 的 53 號埠。一旦完成，就可以如常解析網域名稱了。

請再從網路上其他裝置以 ping 測試你的伺服器防火牆；這時應該會失敗，因為 ICMP 也尚未允許通過防火牆。同理，如果你嘗試從伺服器本身去 ping 其他裝置，也是出現同樣的錯誤：

```
$ ping google.com -c 5
PING google.com (<ip_address>): 56(84) bytes of data.
ping: sendmsg: Operation not permitted
ping: sendmsg: Operation not permitted
ping: sendmsg: Operation not permitted
ping: sendmsg: Operation not permitted
ping: sendmsg: Operation not permitted
--- google.com ping statistics ---
5 packets transmitted, 0 received, 100% packet loss, time 4000ms
```

ICMP 是十分有用的除錯工具，因此你或許會想把 ping 納入 iptables 防火牆允許通過的內容當中。這需要以下的規則：

```
$ sudo iptables -A INPUT -p icmp -j ACCEPT
$ sudo iptables -A OUTPUT -p icmp -j ACCEPT
```

你或許還會發覺自己需要在防火牆上開啟其他通訊埠。譬如說，若你安裝了 proxy、或是在讀過第六章之後決心建置一套，你就得再為防火牆開放 proxy 通訊埠（3128）：

```
$ sudo iptables -A OUTPUT -p tcp --dport 3128 -m conntrack --ctstate NEW -j ACCEPT
```

在大部分情況下，你會關閉伺服器的網頁瀏覽功能——因為要以伺服器瀏覽網路的合法理由實屬少數。理想上，不論是從管理還是安全的觀點出發，伺服器都應該只具備提供服務一種用途。允許在伺服器上使用額外的服務——尤其是瀏覽網際網路——可能會擴大受攻擊面，為你的網路造成更多潛在弱點。

若是你決定要允許伺服器可以使用相關服務，以便接收更新，請為 80 和 443 號通訊埠建立輸出規則，它們分別是 HTTP 和 HTTPS 流量的預設通訊埠：

```
$ sudo iptables -A OUTPUT -p tcp --dport 80 -m conntrack --ctstate NEW,ESTABLISHED -j ACCEPT
$ sudo iptables -A OUTPUT -p tcp --dport 443 -m conntrack --ctstate NEW,ESTABLISHED -j ACCEPT
```

HTTP 和 HTTPS 規則的不同之處，就只在於埠號不同而已。

每當你添加新的規則，應該都要加以測試。這裡最簡單的辦法就是先試試能否從伺服器以瀏覽器瀏覽網際網路（如果你有安裝 GUI 的話），或是改在 bash 終端機中以 curl 測試。請先安裝 curl：

```
$ sudo apt install curl
```

如果你尚未添加規則以允許 HTTP 和 HTTPS 外出，安裝命令便會失敗，因為更新通常都是透過 HTTP 來完成的。然而若是相關規則已經就位，curl 應該就已經可以安裝，因此你就能確認 80 和 443 號通訊埠已開啟：

```
$ curl http://icanhazip.com
ipaddress
```

http://icanhazip.com/ 這個網址是一個公開服務提供者，他會傳回你以 curl 查詢時正在使用的公共 IP 位址。如果你看到了自己現有的公共 IP 位址，就表示防火牆設定正確無誤。

萬一你看到的是錯誤訊息，就代表規則之一出了問題。請檢查有無拼寫錯誤，若是錯誤太多，索性就用前面介紹過的 -D 或 -F 參數把規則砍掉重練。只要防火牆設定無誤，就可以隨意添加你需要的規則。

另外一組需要特別添加的，就是要明確阻擋前往特定 IP 位址流量的規則。但由於大多數的公開網站都會兼用好幾個 IP 位址，因此以 iptables 進行阻擋並非上策，因為你還得針對每一個 IP 位址都建立阻擋規則。這時最好是改以 proxy 代勞，第六章便會介紹它。

如果你想用 iptables 阻擋網站——譬如所有出入 *https://www.squirreldirectory.com/* 的流量，而其現有 IP 位址只有 206.189.69.35——你就可以這般在 INPUT 和 OUTPUT 鏈中添加規則：

```
$ sudo iptables -A INPUT -s 206.189.69.35 -j DROP
$ sudo iptables -A OUTPUT -d 206.189.69.35 -j DROP
```

一般來說，只有針對不太會再變動的靜態私有 IP 位址，你才會添加這類的允許或阻擋規則，如果要阻擋的是公開 IP 位址或網址，就要改用 proxy。

紀錄 iptables 的行為

現在你已經裝好、也設定好你的 iptables 防火牆了，然而你尚未告知它要記錄任何事物，因此它完全不會記載自己做過些什麼，這會造成事後排除故障時的困難，也無法判斷被阻擋的流量是否真的應該予以阻擋。

因此首要之務是新建一個自訂的策略鏈。注意以下的設定範例完全體現了規則順序的重要性。這個鏈可以任意命名，但我們會將其命名為 LOGGING 以便識別其用途：

```
$ sudo iptables -N LOGGING
```

參數 -N 代表這是一個新的鏈。

接著便是在 INPUT 和 OUTPUT 兩個鏈的結尾加上一條規則，告知 iptables 要把尚未符合任何規則的的流量通通送往此處，亦即新建的 LOGGING 鏈：

```
$ sudo iptables -A INPUT -j LOGGING
$ sudo iptables -A OUTPUT -j LOGGING
```

然後指示 iptables，只在每分鐘紀錄一次各種類型的棄置封包：

```
$ sudo iptables -A LOGGING -m limit --limit 1/minute -j LOG \
    --log-prefix "FW-Dropped: " --log-level 4
```

這項限制並非必要，但你可以指定任何區間，不論是 1/second、1/minute、1/hour、甚至是 1/day。限制紀錄項目的數量可以抑制雜亂訊息的干擾量、並縮小日誌檔案。另外要在日誌資訊中加上前置字（"FW-Dropped: "），這樣防火牆日誌的紀錄便很容易可以判讀出來。將日誌等級訂在 4，這樣最細也只會紀錄到警告等級的事件（warning-level events），代表是屬於對伺服器或防火牆有重大影響的事件。若把這個數值加大，會使得更多嚴重程度較低的事件也被記錄下來，對於除錯來說很有用。日誌層級 1 到 3 只會紀錄嚴重程度高於警告等級的事件或錯誤。

最後，以下命令會指示防火牆，完成紀錄後就可以將封包棄置：

```
$ sudo iptables -A LOGGING -j DROP
```

現在你的防火牆會記錄進出伺服器前便被棄置的封包。根據預設，日誌會存放在 /var/log/messages。

最後一步便是將防火牆組態儲存起來。記住，iptables 的組態預設是暫時性的，所以重新開機就會消失，這便是何以我們先前在 Project 12 要先安裝 iptables-persistent。要儲存組態，請執行以下命令（netfilter 便是 iptables-per-sistent 專門用來儲存組態用的命令）：

```
$ sudo netfilter-persistent save
run-parts: executing /usr/share/netfilter-persistent/plugins.d/15-ip4tables save
run-parts: executing /usr/share/netfilter-persistent/plugins.d/25-ip6tables save
```

現在，防火牆已經完全可以運作了。

有時你會想在防火牆中臨時添加某些規則，但是請記住這句「再也沒有什麼比防火牆臨時規則更愛賴著不走的東西」（衍生自 Austin Scott 的名言[譯註5]）。譬如說，當你以臨時規則允許使用者從網際網路下載檔案時，最好是以其他變通方式為之，譬如從別台主機下載。如果像這樣的規則得以建立並殘存在防火牆中，就等於自已開了弱點缺口，使得防火牆安全性下降。因此請盡量避免臨時規則。

pfSense

除了用 iptables 充當防火牆、以便防禦網路上的每個端點以外，你還應當實作像是 pfSense 這樣的防火牆，藉以在邊界防禦整個網路。結合兩種防火牆，就能為

譯註 5　其實諾貝爾經濟獎得主 Milton Friedman 也說過類似的話：「nothing was so permanent as a temporary government programme」，暗諷國家或政府常以大帽子導入不合理政策，事後需求不復存在，苛政卻得以存續。

縱深防禦策略增加一層防衛，讓任何外界的刺探都因為層層防禦的複雜度而更形困難。你應該把邊境防火牆置於網路的實體邊境——亦即盡量比網路上其他端點更靠近網際網路。大部分情況下就是直接位於數據機／路由器後方，或者說是將你的網路連往網際網路服務供應商的網路邊界點。邏輯上這也可以靠虛擬機器和正確的路由設定方式做到。但最理想和安全的方式，還是以實體裝置設置邊境路由器。

pfSense 防火牆跟 iptables 一樣，都屬於有狀態的防火牆。然而 iptables 是安裝在基礎作業系統上（就像 Ubuntu）的某種功能形式，而 pfSense 則是完全獨立的作業系統。它以 FreeBSD 這種開放原始碼版本的 Unix 為基礎（同樣是作業系統，但是和 Linux 相仿，有自己的核心），具備像是網頁式管理介面之類的友善功能，也能以虛擬機器或是實體設備的方式部署。

要建置實體防火牆時，有幾種選項。一是以符合這類用途但小尺寸的電腦硬體為之，像是 Next Unit of Computing（NUC）之類。但還有更廉價的方式，就是 Netgate 販售的 pfSense 設備，設定非常簡單，基本上幾乎是拆箱就可以直接拿來用。

為了保持簡單（但仍然夠安全），我們會以現成建置的裝置為主。本書不會探討如何從頭建置此類裝置，因為設定有誤的風險和代價實在太高，尤其是還有既便宜又安全的現成方案可用的時候，何必自討苦吃呢？在本書付梓之際，Netgate 2100 Base pfSense+ 只需花費大約 $400 美金就可購得。雖然不適用於規模龐大的企業網路，但它的功能已足以應付你大部分的要求。Netgate 2100 或 4100 則是入門級 1100 pfSense+ 的升級版，功能更完備。其頻寬及吞吐量也更為可觀，因此極適合小規模網路採用。

#13：安裝 pfSense 防火牆

一旦收到你的 pfSense 裝置，請從盒中取出並接通電源。同時用乙太網路線接通裝置上的 WAN 埠跟你的纜線數據機、DSL 數據機或是任何網路邊界點裝置。再用另一條乙太網路線從 LAN1 埠接到你電腦上的乙太網路埠。

要從你的電腦操作 pfSense 的設定頁面，請瀏覽 Netgate 2100 或 4100 的預設 IP 位址 192.168.1.1。要是行不通，也許你還得把自己的電腦先跟平常在用的網路連線斷開，再依以下說明，手動將電腦的 IP 位址設為 192.168.1.2（或是任何位於 192.168.1.x 範圍之內的位址，但就不要是 pfSense 自己的 IP 位址 192.168.1.1）。這一步只有在初次設定你的 pfSense 裝置時才有必要，而且應該只做一次就夠了。

macOS

1. 打開 **System Preferences**。

2. 點選 **Network**。

3. 選擇你用來串接 pfSense 裝置和這部電腦的 Ethernet connection，然後把 Configure IPv4 下拉式選單切換至 **Manually**。

4. 在 IP Address 欄位輸入 **192.168.1.2**，再把 Subnet Mask 設為 **255.255.255.0**，同時在 Router 欄位輸入 **192.168.1.1**。

5. 點選 **Apply**。

6. 打開你的網頁瀏覽器，瀏覽 192.168.1.1。這時應該可以看到 pfSense 的登入頁面了。

Windows

1. 打開 **Network and Internet Settings**。

2. 點選 **Change Adapter Options**。

3. 點開你用來串接 pfSense 裝置和這部電腦的 Ethernet connection，然後點選 **Properties ▶ Internet Protocol Version ▶ (TCP/IP) ▶ Properties**。

4. 選擇 **Use the following IP address** 按鈕。

5. 在 IP Address 欄位輸入 **192.168.1.2**，再把 Subnet Mask 設為 **255.255.255.0**，同時在 Default Gateway 欄位輸入 **192.168.1.1**。

6. 點選 **OK** 並關閉其餘的視窗。

7. 打開你的網頁瀏覽器，瀏覽 192.168.1.1。這時應該可以看到 pfSense 的登入頁面了。

Linux

1. 打開 **Settings**。

2. 點選 **Network**。

3. 在你用來串接 pfSense 裝置和這部電腦的 Ethernet connection 上點選 **Cog**。

4. 選擇 **IPv4** 分頁。

5. 選擇 **Manual** 按鍵。

6. 在 IP Address 欄位輸入 **192.168.1.2**，再把 NetMask 設為 **255.255.255.0**，同時在 Gateway 欄位輸入 **192.168.1.1**。

7. 點選 **Apply** 並關閉 Settings 視窗。

8. 打開你的網頁瀏覽器，瀏覽 192.168.1.1。這時應該可以看到 pfSense 的登入頁面了。

NOTE 如果你看到警訊指出登入頁面網址並非私人所有、或是並不安全，儘管放心繼續進入登入頁面。這段警訊意在提醒該網址並未設定 SSL 憑證，但這時你可以略過不管。然而，要是你在瀏覽外部他處網頁時見到這種警訊，可就要多留神了；通常 SSL 憑證錯誤（特別是在網際網路上的時候）是相當嚴重的警訊，它警告你該頁面極度不安全。

在 pfSense 的登入頁面，請以裝置所附的帳號密碼登入。一旦登入，請在看到一般使用者授權協議（end-user license agreement，EULA）時點選接受。花點時間閱讀系統資訊，然後點選頁面上方的 **System** 選單，開始使用 **Setup Wizard**。依照以下步驟完成 pfSense 的設定：

1. 在歡迎頁面按下 **Next**。

2. 如果顯示 **Support** 畫面，只管按下 **Next** 跳過。

3. 在 General Information 畫面，選擇裝置的主機名稱，或是乾脆就沿用預設的名稱 pfSense。

4. 如果你的環境中有設定網域，請在 Domain 欄位中輸入。

5. 暫時略過 DNS 設定，點選 **Next**。

6. 在 Time Server Information 畫面，接受 default Time server hostname，除非你的環境中另有自己設置的校時伺服器，這樣的話就得在此輸入詳細資訊。

7. 務必挑選正確的時區，並點選 **Next**。

現在你該已看到 Configure WAN Interface 頁面了。請以這個頁面設定 pfSense 設備，讓它連接到你的網際網路供應商。我們會以最常見的設定為例，亦即 *PPPoE*，這是最常見的數據機／路由器設定方式。如果不是如此，請洽詢你的網際網路供應商，取得正確的連線設定細節。

8. 在 SelectedType 對話盒中選擇 **PPPoE**。

9. 略過 General configuration options，只需沿用預設值即可。

10. 這時 Static IP Configuration 及 DHCP client configuration 應該都是灰色無法點選，因此請前往 PPPoE configuration 繼續。

11. 輸入你的網際網路供應商提供的 username 和 password。

12. 所有預設值一律接受，點選 **Next**。

13. 現在要設定 pfSense 設備的 LAN IP 位址了。你可以選擇維持在第一章學到的 IP 定址方式，讓這個裝置使用範圍內的第一個 IP（以定址方式 192.168.0.0/16 為例，就是 192.168.1.1），你也可以另選不同的 LAN IP 位址。如果你要採用 10.0.0.0/8 範圍內的位址，就訂為 10.0.0.1。接著點選 **Next**。

14. 把管理員密碼改掉。務必選一組夠複雜的密語，長度至少 12 個字元以上，然後將它保存在密碼保管處（a password safe，第十一章會再詳述這個題材）。完成後請點選 **Next ▸ Reload ▸ Finish**。

現在初步設定已經完成了。假設此一裝置已可用專屬身分連上你的網際網路供應商，那麼此時你應該已經可以瀏覽網際網路了。如果還不行，可能就得進行故障排除了。要展開故障排除，最佳起點莫過於網頁介面上方 Status 選單內的 System Logs 頁面。運氣好的話，你一下子就可以在日誌中看出問題。如果你很肯定一切設定資訊都輸入正確，不妨再次洽詢網際網路供應商，確認自己的設定沒有問題。

強化 pfSense

你的防火牆現已設置完畢可以運行，而且它現在應該可以精明地拒絕不請自來的網路流量。但是你還需要再做幾件事，才能確保裝置和網路更加安全。

當你登入 pfSense 裝置後，點選 **System ▸ Advanced**。

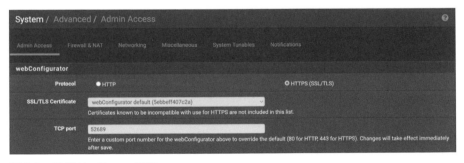

圖 3-2：進階的 pfSense 選單

在 Advanced 選單分頁裡，請更改 pfSense 會用到的通訊協定（protocols）、通訊埠（ports）、proxy 設定等項目。記得每更改過任何內容，都要點選 **Save** 才離開該頁面。

如圖 3-2 所示的 Admin Access 分頁，請把 webConfigurator Protocol 改成 **HTTPS**，以確保管理裝置時的連線是安全且經過加密的。管理時永遠要以 HTTPS 為優先，而不要沿用未加密的 HTTP 協定，因為前者具備額外的加密功能，就算網路流量被外界攔截，對方也無從解密通訊內容。

而在 Admin Access 頁面的下一小段（圖 3-2 中沒有顯示），你可以把 SSH 選項也更改一番。筆者建議不要總是允許存取裝置本身——就像是晚間你不會把前門放著不上鎖一樣。如果你只有在自己主動使用 SSH 時才開放存取，外界就也只能在該項服務可用時才能嘗試存取你的網路。在 99% 的時段中關閉該服務，意指攻擊者就只剩下 1% 的時間可以有機會嘗試入侵網路。除非你自己要主動以 SSH 連接裝置時才啟用該選項，其餘時間皆予以關閉。更新此項設定後，立即點選 **Save**。

在 Networking 分頁，你可以選擇啟用或停用 IPv6 流量。如果你不會用到 IPv6，在此加以關閉有助於縮小受攻擊面。這也可以讓該頁面其餘的設定失去作用。

倘若你會用 proxy 處理網頁流量，請在 Miscellaneous 分頁輸入 proxy 相關細節。如果你打算按照第六章所述方式自行建置 proxy 伺服器，屆時請再回到此處補上 proxy 的資料。

pfSense 的防火牆規則

pfSense 防火牆的預設規則會同時阻擋貌似 RFC1918 私有網路連線、以及 *假性惡意網路*（*bogon networks*）的流量從網際網路進入你的網路。第一章曾介紹過 RFC1918 的保留位址，這些 IP 位址原應只用於私有內部網路，亦即它們根本不該從公共網際網路端出現。其範圍包括：192.168.0.0/16、10.0.0.0/8 和 172.16.0.0/12。如果網際網路端出現這種來源的流量，你的防火牆便會將其視為可疑流量並予以棄置。同理，假性惡意網路或位址則使用了根本未曾由 IANA 指派的公開位址。如果不可能用於指派的位址或位址範圍竟然會發送流量給你，就絕對有問題，防火牆也一樣會置之不理。

雖然預設的防火牆規則是不錯的起手式，你還是應該自行加上若干規則，以便提高安全程度。譬如說，你不該允許 *Server Message Block (SMB)* 這類允許 Windows 電腦跨網路共享檔案的服務，放任它可以從你的網路隨意地在內外網路之間收送流量。

NOTE 2017 年五月間，惡名昭彰的勒索軟體 WannaCry 便是透過已知為 EternalBlue 的 SMB 弱點傳播的；在邊境防火牆阻擋 SMB 可以大幅降低該弱點暴露的風險，同時也可以順便抑制其他類似的弱點，避免再被用來破解你的網路。

添加阻擋 SMB 流量的規則，請這樣做：

1. 在 pfSense 頁面頂端，點選 **Firewall ▸ Rules**。

2. 點選 **LAN ▸ Add** 開始添加規則。

3. 指定動作，看是要 **block**（丟棄封包）或 **reject**（丟棄封包並通知發送端）。

4. 將 Address Family 設為 **IPv4**、Protocol 則設為 **TCP**。

5. 將 Source 訂為 **Any**，Destination 也是 **Any**，同時把 Destination Port Range（同時包括 to 和 from）皆訂為 **(other) 445**。

6. 確認要勾選 **Log** 框，以便紀錄任何被棄置的封包，並點選 **Save**。

完成後，你的防火牆便不會再允許 SMB 流量通過你的網路邊界了。請依循同樣步驟，把 137、138 和 139 等通訊埠也都擋掉，因為這些服務（分別是 NetBIOS Name Resolution、NetBIOS Datagram Service 和 NetBIOS Session Service）皆不該跨過網路邊界，因為它們全都屬於內部區域網路的程序才會使用的協定。

常見需要阻擋的協定

有幾種網路協定是絕不該通過網路邊界的，譬如：

- NetBIOS Name Resolution，TCP 和 UDP 的 137 號埠：類似 DNS，用於將主機名稱解譯為 IP 位址

- NetBIOS Datagram Service，UDP 的 138 號埠：在網路內提供訊息單播（unicast）、群播（multicast）和廣播（broadcast）的功能

- NetBIOS Session Service，TCP 的 139 號埠：處理網路上兩部電腦之間的通訊

- MS RPC，TCP 與 UDP 的 135 號埠：處理用戶端／伺服器應用程式之間的通訊

- Telnet，TCP 的 23 號埠：用於遠端存取及系統維護的一種不安全的銘文協定

- SMB，TCP 的 445 號埠：讓 Windows 電腦在網路上共享檔案

- SNMP，UDP 的 161 和 162 號埠：用於遠端系統管理及監控

- TFTP，TCP 和 UDP 的 69 號埠：可在網路上的電腦之間傳輸檔案

#14：測試防火牆

這些規則就位後，請測試防火牆，看看它們是否如預期般阻擋相關流量。最適合這個用途的工具非 *Nmap* 莫屬，它專門用來掃描或是對應網路。該軟體具備 GUI 版本，可以用在 Windows、Linux 和 Mac 上（在 Mac 上叫做 *Zenmap*），也具備命令列版本的工具。如果安裝 GUI 版本，命令列版本也會一併安裝，因此儘管到 *https://www.nmap.org/* 去下載並安裝最新版本。

不然也可以試著在 Ubuntu 上直接以命令列安裝：

```
$ sudo apt install nmap
```

一旦裝好 Nmap，請以下列命令從命令列掃描 445 號埠，這是我們已經讓防火牆阻擋的：

```
$ sudo nmap -p 445 -A scanme.nmap.org
--snip--
Nmap scan report for scanme.nmap.org (45.33.32.156)
Host is up (0.20s latency).
Other addresses for scanme.nmap.org (not scanned):
2600:3c01::f03c:91ff:fe18:bb2f
PORT    STATE    SERVICE    VERSION
445/tcp filtered microsoft-ds
Service detection performed. Please report any incorrect results at https://nmap.org/
submit/.
Nmap done: 1 IP address (1 host up) scanned in 2.54 seconds
```

在 Zenmap GUI 上也可以用相同的命令──拿掉 sudo 就好。這道命令會從你的裝置展開通訊埠掃描，而你的裝置位於防火牆內側，至於 *http://scanme.nmap.org/* 網站則是由 Nmap 提供、位於網際網路的公開網頁，正好用來測試。

以上命令可以這樣拆解分析：nmap 是主程式名稱。引數 -p 445 則指定了要掃描的通訊埠，這裡可以指定像範例中的單一通訊埠、或是以逗點區隔的清單一一列舉多個通訊埠（譬如 -p 445,137,138,22）、甚至也可以用通訊埠範圍的寫法，像是 -p1-1024 這樣。引數 -A 則會要 Nmap 嘗試辨別每一個掃描過的通訊埠屬於何種服務和作業系統，scanme.nmap.org 則是需要掃描的網站或系統對象。如果傳回的結果中 STATE 顯示該通訊埠為 filtered，就代表防火牆確實阻擋了流量，規則已發揮了效用。但若是 STATE 顯示為 closed，代表防火牆仍然讓流量通過了，而該網站本身（不是防火牆）則回應說該通訊埠是關閉的。這種結果便代表防火牆沒有作用、或根本未曾正確設定。

一旦規則發生效用，請到防火牆日誌觀察被擋下的封包。在 pfSense 頁面頂端，點選 **Status ▸ System Logs ▸ Firewall**，以便觀察防火日誌中最近 500 筆紀錄，如圖 3-3 所示。

Action	Time	Interface	Rule	Source	Destination	Protocol
×	May 31 10:09:07	LAN2	Block all IPv6 (1000000003)	ℹ️ ⊟ [fe80::ea6f:38ff:fe33:b5dd]:5353	ℹ️ ⊞ [ff02::fb]:5353	UDP
×	May 31 10:09:07	bridge0	Block all IPv6 (1000000003)	ℹ️ ⊟ [fe80::ea6f:38ff:fe33:b5dd]:5353	ℹ️ ⊞ [ff02::fb]:5353	UDP
×	May 31 10:09:07	LAN2	Block all IPv6 (1000000003)	ℹ️ ⊟ [fe80::ea6f:38ff:fe33:b5dd]:5353	ℹ️ ⊞ [ff02::fb]:5353	UDP
×	May 31 10:09:15	LAN2	Block all IPv6 (1000000003)	ℹ️ ⊟ [fe80::ea6f:38ff:fe33:b5dd]:5353	ℹ️ ⊞ [ff02::fb]:5353	UDP
×	May 31 10:09:15	bridge0	Block all IPv6 (1000000003)	ℹ️ ⊟ [fe80::ea6f:38ff:fe33:b5dd]:5353	ℹ️ ⊞ [ff02::fb]:5353	UDP
×	May 31 10:09:15	LAN2	Block all IPv6 (1000000003)	ℹ️ ⊟ [fe80::ea6f:38ff:fe33:b5dd]:5353	ℹ️ ⊞ [ff02::fb]:5353	UDP
×	May 31 10:09:21	WAN	Default deny rule IPv4 (1000000103)	ℹ️ ⊟ 193.46.255.123:34064	ℹ️ ⊞ 60.242.70.144:5060	UDP
×	May 31 10:09:22	WAN	Default deny rule IPv4 (1000000103)	ℹ️ ⊟ 92.63.197.97:41735	ℹ️ ⊞ 60.242.70.144:6733	TCP:S

圖 3-3：pfSense 防火牆日誌

你也許看到了大量受阻的流量。但在這個階段我們還無法一一判斷出會有哪些流量遭到阻擋。以筆者的日誌為例，其中一筆便是它阻擋了來自 IP 位址 80.82.77.245 的 46732 通訊埠連線。

經過一番研究後，結果顯示這似乎是一項「基於研究用途」而經常掃描公用 IP 位址的服務。也就是說，還是莫名其妙；我怎能判斷這是合法行為、還是只是外界在嘗試找出我防火牆上有無可以穿透進入我網路的漏洞？大部分情況下我們是無從得知的，但至少我的防火牆已主動地擋下這個動作，而且我也能從防火牆日誌中得知這一點，並尋思我是否需要進一步地審視並採取因應行動。在第十章中，我們會詳盡地探討如何因應這類資訊，亦即所謂的網路安全監控。

總結

你的網路與主機顯然已經由於主機式和網路式防火牆的存在變得更加安全了。在本章的各項 projects 中，你已經建置了規則和規則集，讓嘗試滲透你網路的外來者更難以著手，甚至還會被你發覺而無所遁形。

雖說本章已經教授了基本知識，大家也對防火牆有了進一步的瞭解，但讀者們最好還是要繼續鑽研需要許可或拒絕進出你網路的通訊埠及協定。每一個網路都有自己獨特的需求需要分析。

4

防護你的無線網路

如今的無線網路可說是無所不在，而且幾乎已經等同於是上線的必備條件。許多提供網際網路連線的場所都會設置無線數據機或路由器，以供多種裝置連線，從桌上型電腦到手機，以及電視、電燈泡及冰箱之類的物聯網（internet of things，IoT）裝置都不例外。若是沒有無線科技，當代的生活將不復如此便利，但便利的代價常是讓我們犧牲了線上安全性。

無線網路讓原本的網路範圍延伸至纜線覆蓋範圍之外的空間，原本的實體邊界因而不復存在，甚至連牆壁都擋不住。隨著無線網路的發展，其有效距離也日益增長，甚至溢出到比原本內部區域網路（local area networks，LAN）更大的範圍以外。這自然是極為便利，但對於安全性而言卻是一場災難。

本章將指導讀者們如何解決若干無線網路擴大時的陷阱。大家會學到如何縮小受攻擊面，像是停用 IPv6、以及限制允許連接無線網路設備的數量等等。本章亦將深入介紹 MAC 位址過濾，這會只讓已知裝置加入內部網路；同時停用若干不曾使用的功能；採用安全的認證方式；同時依照裝置和使用者在網路內所需的權限等級，將其加以分組。

升級你的硬體

如果你的無線網路設備是從網際網路供應商那邊取得的，那麼它很可能只是功能十分陽春的裝置。通常這代表它的功能比高階產品更少、能設定的部分也不多。如果你在閱讀本章時發現你的裝置無法達到書中所需的管理程度，請考慮換購較高檔的機型。以 Netgear 的 Nighthawk 系列路由器為例，雖說只是中階機種，但價位十分合理、功能又齊全。

#15：停用 IPv6

IPv6 屬於較新穎的網際網路協定（Internet Protocol）版本，其設計原本是要因應公用 IPv4 定址空間即將耗盡的事實。IPv6 將原本的定址空間擴大了好幾個數量級，但其普及程度卻遠不如另一個因應方式：網路位址轉換（network address translation，NAT），這在第一章時也介紹過了。如果你的網路中不曾採用 IPv6，但卻任其開放不處理，就等於是為外來者多開放了一個潛在的入侵管道（亦即另一種可能用於進入或突破你網路的方式）。因此一般而言，你應當停用或乾脆移除所有用不到的協定和應用程式，藉此防止攻擊者利用這些工具（或者說是工具的缺點）來入侵。關閉無用的協定可以縮小你的網路受攻擊面，而受攻擊面當然是越小越好。

如果你的網路無須主動採用 IPv6，請盡量將其關閉，連同無線網路設定亦然。要停用 IPv6，請依以下步驟進行：

Windows

1. 打開 **Network and Internet Settings**。
2. 點選 **Change adapter options**。
3. 針對視窗中每一張網路卡，逐一雙擊並點選 **Properties**。

    a. 找出 **Internet Protocol Version 6 (TCP/IPv6)** 選項，清空勾選。

    b. 點選 **OK** 並關閉其餘視窗。

macOS

1. 打開 **System Preferences**。

2. 點選 **Network**。

3. 針對清單中每一張網路卡都點選 **Advanced**。

   a. 打開 **TCP/IP** 分頁。

   b. 確認 Ensure Configure IPv6 已被設為 **Off**。

Linux

1. 打開 **Settings**。

2. 在左側選擇 **Network**。

3. 對每一張網路卡都點選組態的 **Cog**。

   a. 在 **IPv6** 分頁中點選 **Disable** 按鍵，然後點選 **Apply**。

你的數據機或路由器

設定數據機或路由器的方式可能較為棘手，因為每種裝置都有自己獨特的設定選單和選項。有些裝置會專門獨立一個 IPv6 的段落；如果是這種狀況，只需進入該選單並完全停用 IPv6 即可。抑或是得到 DHCP 設定中找出 IPv6 選項，有些則可能是藏在無線或 LAN 選項之內。以第三章介紹過的 pfSense 裝置為例，其 IPv6 設定就位在 **Services ▸ DHCPv6 Server & RA** 之下。除非你為 pfSense 的某個網路介面設置了靜態 IPv6 位址，不然這個部分應該預設是關閉的。

要是你的裝置中找不到 IPv6 相關設定，請到網路上搜尋相關品牌及機型。一旦完全停用 IPv6，你就朝安全性又跨進了一步。

#16：限制網路裝置

大多數小型的非企業用網路，都很少會去指定或限制可以在網路上出沒的裝置，因而飽受過於開放之苦，因為他們對所有裝置一律開放。這種設置方式雖然在你新購入了裝置、或是當親朋好友造訪時都十分便利，但卻形成了一大漏洞，因為外來者不論是有意為之或是見機而作，都可藉此作為跳板。

如果你能辨識出允許連上網路的裝置，同時限制只允許這些裝置連線，就可避免上述風險。一份資產清單——也就是一張包含所有裝置的表格，其中記錄了裝置類型（譬如 PC、筆電、行動電話等等）、位置、主機名稱、MAC 位址（其硬體位址）、以及 IP 位址——將可用來輔助網路架構圖，協助大家追蹤網路上的各種裝置。

一旦你蒐集了網路中所有端點的資訊，就可以對已知裝置賦予靜態 IP 位址，並將 DHCP 伺服器中可配發的 IP 位址範圍縮小。將相關範圍縮小，使其剛好足夠涵蓋你資產清單及網路架構圖中的裝置所需的位址。像這樣減少可配發的位址，就能減少外來者在你的網路中伺機偷偷塞入新裝置的風險。此外，就算你採用了這種安全措施，外來者仍有機會藉由強制你的裝置離線的機會，空出位置來讓他們的惡意裝置鳩佔鵲巢。這時就應該加上 MAC 位址過濾機制了。

你可以透過 *MAC address filtering*，依照裝置的 MAC 位址來允許或拒絕接入網路。如果你確知所有許可裝置的 MAC 位址，就可以讓未經授權的裝置更難以侵入網路，也無法隱匿其行蹤。

建立資產清單

與大企業不同的是，替小型網路製作資產清單並不困難。首先請用紙筆或 Excel 或隨便什麼工具製作一份像是表 4-1 的清單。

表 4-1：一份資產清單範本

裝置	IP 位址	MAC 位址	主機名稱（非必要）	位置（非必要）
我的筆電				
別人的筆電				
我的手機				
別人的手機				
電視				
平板				
Xbox 遊樂器				

你可以選擇去掉主機名稱或位置等欄位，但是每個裝置的 IP 跟 MAC 位址則是不可或缺的。如果裝置已經連上網路，你可以從路由器的 DHCP 段落、或是透過 DHCP 伺服器來蒐集這類資訊。對於不具備使用介面的裝置，像是以 Wi-Fi 連線的燈泡之類，DHCP 可能就是你唯一能取得資訊的管道。抑或是可以從各個主機直接蒐集詳情。

Windows

1. 打開 **Network and Internet Settings**。

2. 點選 **Change adapter options**。

3. 找出將裝置接通網路的介面卡。如果是透過 Wi-Fi 連線，可能就是 Wi-Fi 網路卡；不然就是 Ethernet 網路卡。雙擊該介面卡後點選 **Details**。

4. 找出實體位址並紀錄下來，作為資產清單中該電腦的 MAC 位址。

5. 同樣找出 IP 位址並加以記錄。

6. 點選 **Close** 並關閉其餘視窗。

macOS

1. 打開 **System Preferences** 並點選 **Network**。

2. 找出將裝置接通網路的介面卡。如果是透過 Wi-Fi 連線，可能就是 Wi-Fi 網路卡；不然就是 Ethernet 網路卡。

3. 點選 **Advanced**、再點選 **TCP/IP** 分頁。

4. 記下 IPv4 位址。

5. 前往 **Hardware** 分頁並記錄 MAC 位址。

6. 點選 **OK** 並關閉 Network 視窗。

Linux

1. 打開 **Settings**。

2. 從左側清單選擇 **Network**。

3. 找出將裝置接通網路的介面卡。如果是透過 Wi-Fi 連線，可能就是 Wi-Fi 網路卡；不然就是 Ethernet 網路卡。

4. 點選組態的 **Cog**。

5. 在 **Details** 分頁裡，記下 IP 位址和硬體位址（也就是 MAC 位址）。

6. 關閉各個視窗。

你應該已經順利辨識出網路上所有已知裝置了。如果有未知裝置連線，你就可以利用以下「MAC 位址過濾」小節中的步驟加以阻擋。接下來我們要為每個裝置賦予靜態 IP 位址。

靜態 IP 定址

IP 位址可以是靜態或動態配置。大多數的路由器預設都會採用動態主機配置協定（Dynamic Host Configuration Protocol，DHCP）的伺服器，在端點接上網路時賦予 IP 位址。這種配發方式稱為 *DHCP 租約（leases）*，而且是有期限的；一份租約通常為期不超過 24 小時。每當端點重新接上網路、或是當租約逾期時，動態 IP 位址都可能會變動。然而你也可以變相地對每個端點指定靜態 IP 位址，使其每次接上網路時都會拿到一樣的位址。此舉有助於知曉特定 IP 位址屬於哪個端點，若搭配有限的動態位址數目，也能防止不明裝置連線。[譯註6]

你可以在大部分 Wi-Fi 路由器的 DHCP 選單中找到靜態 IP 位址設定。以本例來說，我們會利用第三章介紹過的 Netgate 2100 或 4100，其中就有 DHCP Leases 選單，但不論你使用何種設備，過程應該都大同小異。要進入 Netgate 2100 或 4100 的 DHCP Leases 選單，請點選 **Status ▸ DHCP Leases**。在同類型裝置中，類似選單可能會藏在 LAN 或 Advanced 選項當中。你應該會看到類似圖 4-1 的表單。

Leases								
IP address	MAC address	Client Id	Hostname	Start	End	Online	Lease Type	Actions
192.168.1.42	aa:bb:cc:dd:ee:ff		Host_One	2021/06/09 02:05:30	2021/06/09 04:05:30	online	active	✏️ ➕
192.168.1.41	ff:ee:dd:cc:bb:aa		Host_Two	2021/06/09 00:05:29	2021/06/09 02:05:29	online	active	➕ ➕

圖 4-1：Netgate 2100 或 4100 pfSense 防火牆的 DHCP leases 選單

若要建立靜態 IP 位址（或者應該說是靜態租約），請點選 **Add** 按鈕（Netgate 2100 或 4100 畫面左側的空心 + 按鍵）。帶出的頁面可以讓你為所選的主機指定 IP 位址。你可以隨意指定位址，只需確認它屬於你的定址空間即可，然後點選 **Save**。譬如說，如果你的定址空間是 *192.168.1.x*，就可以選擇使用 *192.168.1.100*。你挑的 IP 位址並不一定得是連續的；這個主機若指派了 *192.168.1.100*，下一台主機則可指派 *192.168.1.54*。在你為主機指派靜態位址後，可能還需要讓它新連線才能取得新指派的位址；你可以重新開機（關機後再開機）以強迫它重新連線。

一旦對授權裝置賦予了靜態 IP 位址，請據以更新你的資產清單和網路架構圖。然後，為了要有效地防止其他裝置未經授權便連上網路，請同時縮減 DHCP 伺服器可以指派的位址範圍。

譯註6　嚴格來說這跟你在網路卡介面指定靜態位址不是同一碼事；應該說是 DHCP 中的靜態對應位址（static mapping）。原理是讓每個 MAC 位址只能對應並拿到固定的 IP 位址，但派送機制仍是透過 DHCP 伺服器動態分配，只不過結果看起來像是靜態分配的。

按照預設方式，DHCP 伺服器服務會把整個可用的 IP 位址範圍都用來讓裝置連上網路。如果你的 IP 定址空間是 *192.168.0.0/16*，你的網路有效主機數量可達 65,534 部之多。任一種小型網路都用不到這麼多主機，因此放任這麼大的定址空間容許連線，無疑是一大安全風險。

要觀察 Netgate 2100 或 4100 中的 DHCP 定址範圍，請點選 **Services ▶ DHCP Server**。你的裝置所採的 IP 位址範圍大概會像圖 4-2 這樣。

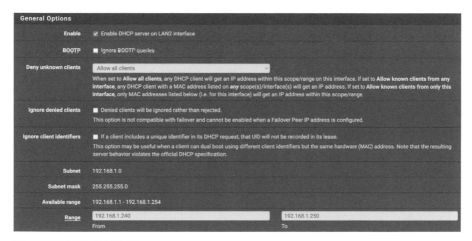

圖 4-2：DHCP 位址範圍

數值或許大同小異，但一般的組態應該都相去不遠。為了手動地授權連上網路的每一個裝置，請先停用 DHCP 伺服器、並為每一個端點添加新的靜態位址對應。另一種做法則是縮小可用的 DHCP 位址範圍。不再開放像是 *192.168.1.100* 到 *192.168.1.245* 這麼大的範圍，而是只開放 *192.168.1.100* 到 *192.168.1.105* 的小範圍，將可配發給裝置的 DHCP 位址限制在六組。當這些 IP 位址被靜態地對應配發給網路上的裝置後，其他裝置便無法再從 DHCP 伺服器取得 IP 位址了，除非有裝置暫時離線將 IP 空出來、或是該裝置已不存在網路上。縮減可用定址空間，可以抑制未經授權的裝置連上網路的機會，也就等同於縮小了受攻擊面。

你或許會懷疑這些步驟是否真有必要，因為當某人要連上你的無線網路時，不也得先接近才有可能連線？而你也許根本不讓陌生人接近住家或辦公室？但是請考慮所謂的「接近」，也許範圍會遠到室外道路上的某部車子、或是建築物隔壁的辦公室等等。

MAC 位址過濾

MAC 位址過濾可以獨自作為防禦機制、或是搭配作為額外的安全防衛層。大多數的無線路由器都允許你指定哪些 MAC 位址可以連上網路，因而阻擋未指定的 MAC 位址。MAC 位址沒有 IP 位址那麼容易竄改偽裝，因為它是燒錄在裝置硬體當中。

但近日來，要偽裝硬體位置也漸漸不是難事。但在外來者和你的網路之間多設一道額外的障礙，總是對安全性多少有所助益。譬如說，若要進入 ASUS RT-AX55 或 RT-AC86U 無線路由器的 MAC 位址過濾頁面，請點選 **Wireless ▶ Wireless Mac Filter**，如圖 4-3 所示。

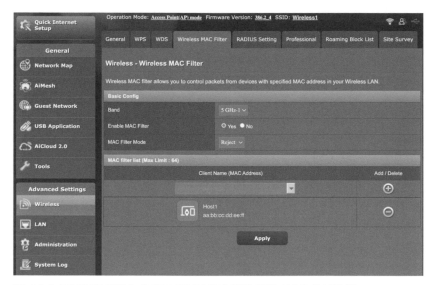

圖 4-3：ASUS RT-AX55 或 RT-AC86U 路由器的無線 MAC 位址過濾

圖 4-3 顯示的 Basic Config 選項——無線頻段、過濾器啟用與否、以及過濾模式是 Accept 或 Reject——都可以分別套用到 2.4 GHz 或 5 GHz 的無線訊號上。

2.4 GHZ 和 5 GHZ 無線頻段

這兩種頻率之間有多項差異。其中之一是波長：2.4 GHz 頻帶所產生的無線網路覆蓋範圍較遠，而 5 GHz 頻帶在長距離的效率較差，但它在短距離內提供較佳的速度。2.4 GHz 頻帶還可能較容易受到干擾，因為它屬於較早期的技術，因此很多無線網路和裝置都會利用這個頻率（包括微波爐，它會形成無線干擾）。最後要注意的是，並非所有裝置都同時支援 2.4 GHz 和 5 GHz 兩種無線訊號。

在圖 4-3 中，5 GHz 頻段的 MAC 過濾器已經啟用，而其 Mode 選項被設為 Reject。這個模式會讓過濾清單以拒絕清單（*denylist*）形式運作，亦即清單內容都會被阻擋或拒絕存取。至於相反的許可清單（*allowlist*），則是清單中的端點都會被允許存取。如果你確信哪些裝置的 MAC 位址不應連上網路，就應採用拒絕清單。在多數案例中，你會採用 Accept 或許可清單的模式。在 Accept 模式下，MAC 過濾清單包含的是你要明確允許連上網路的 MAC 位址。

請選擇 **Enable Mac Filter** 和 **Accept**，然後輸入你資產清單中的 MAC 位址。一旦你把所有的 MAC 位址納入、並儲存組態，就沒有其他裝置可以連上無線網路及取得 IP 位址了。你可以從 Accept 清單中移除某個較不重要的裝置，再測試能否將它連上網路。如果連線遭拒，你的 MAC 過濾便已正確運作。

#17：分割你的網路

無線網路讓你得以和訪客共享網際網路連線，做法是利用分開的訪客用網路，藉此保持你的內部安全不受干擾。大部分的中階無線路由器都提供這類功能。以 ASUS RT-AX55 或 RT-AC86U 為例，它便允許多個訪客網路並存在 2.4 GHz 和 5 GHz 無線頻率上，如圖 4-4 所示。

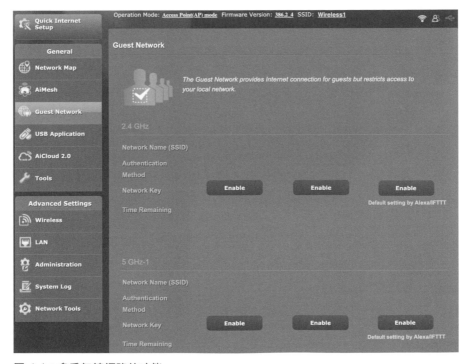

圖 4-4：多重無線網路的功能

訪客用網路不僅對你的來訪者十分便利；也可以讓你按照風險或信任程度，將使用者和裝置分門別類。譬如說，在你的私有內部網路內，也許有主要裝置存在：筆電、行動裝置等等。然後在訪客網路中可能會串接物聯網裝置：你的 Google Home、Amazon Alexa、LIFX 或其他智慧照明燈泡等等，也許還包括其他類似的裝置。

有些類型的裝置天生就不太安全。譬如 IoT 裝置，它們就很容易被 botnet 感染。所謂 *botnet* 指的是一群已連上網際網路的裝置，但通常是已被惡意軟體所操控。惡意軟體會控制這整個群體，以便遂行各種惡性行為，像是進行分散式的服務癱瘓攻擊（distributed denial-of-service attacks）、竊取資料、或是發送垃圾訊息等等。讓安全程度低落的裝置跟你的主要裝置並存在同一個網段上，是非常危險的事。降低這類風險最好的辦法還是把它們隔開，用邏輯式或實體式的做法都可以。

如圖 4-4 所示，你可以允許網路上的訪客裝置無限期運作、或是只能依你指定的期間運作，對於只需操作幾小時的的訪客來說，這非常好用。若是將路由器設為允許訪客無限制運作，就等於為了方便而犧牲安全性。相反地，限制訪客連線的操作時間，並在事後進行重新認證才決定是否放行，確實需要較多管理工作，但這卻是更為安全的存取控制方式。

有些無線路由器和存取點還提供另一項功能，就是可以允許或拒絕存取你的內部網路（*intranet*），這個內部網路便是你的主要裝置連線所在。若是讓訪客可以存取這個網段，便會降低安全性，因為這等於讓訪客可以接觸到你的電腦和手機。如果你讓訪客接觸到整個網路，可能也會讓他們有機會接觸到主要無線網路、而非原本的訪客用網路。筆者介紹的 ASUS 無線路由器便具備此項功能；如果你設置了訪客用網路，你可以選擇是否要讓該無線網路上的端點接觸到你的內部網路，或是只允許他們使用通往網際網路的閘道。路由器會允許或拒絕訪客網路上的裝置接觸你主要網路上的裝置。阻止訪客網路接觸你的內部網路是較為安全的做法，你應該這樣做。如果你的路由器具備這類功能，那麼在相關無線網路設定附近必定有顯著的項目可供勾選。若是沒看到，也許是你的路由器不支援這類功能（但你可以詳讀說明書、或是上網搜尋來確認這一點）。

#18：設置無線認證

你應該以加密的方式保護自己的 Wi-Fi 網路，做法是在能夠存取網路前必須先提供密語（passphrase）。一個完全開放的無線網路——沒有防護或加密——等於是外來者最佳的目標。如今大部分的網路都採用三種安全演算法之一來防護通訊內容：WEP、WPA/WPA2 或 WPA3。

WEP

有線等效加密（*Wired Equivalent Privacy*，WEP）是三種安全協定中最古早的，也是目前安全性最差的一種。WEP 使用 40 或 104 位元的加密金鑰，與新進的協定相比，這兩者都不算長。WEP 將這組加密金鑰和另一組 24 位元的初始向量（initialization vectors，IV）組合起來，用意在於提升安全性，但這些初始向量的長度不足，亦即演算法可能會重複引用金鑰，這使得加密脆弱而易於被破解。其中細節如何不必深究；只需記住 WEP 屬於不安全的技術，不該繼續使用。事實上各家廠商多已於 2001 年時棄 WEP 不用；大多數的硬體中已不見它的蹤影。

WPA/WPA2

Wi-Fi 存取保護（*Wi-Fi Protected Access*，WPA）是 WEP 的後續協定，它改進了 WEP 的防護功能。雖然它採用的是相同的 RC4 加密密文（cipher），但它也引進了所謂的臨時金鑰完整性協定（*Temporal Key Integrity Protocol*，TKIP）。TKIP 強化無線安全的方式，是採用了長度 256 位元的金鑰，並實作了訊息完整性檢查、較長的 48 位元初始向量、以及各種減少初始向量重複使用的機制。

WPA2 則更進一步改進了原本的 WPA 協定。WPA 和 WPA2 都允許使用者在個人和企業模式之間擇一採用。個人模式（personal mode），又稱為 WPA-PSK，它採用預先設置的金鑰（preshared key，PSK）或密語來授權使用，而企業模式則需要仰賴一部認證伺服器。WPA2 還把 RC4 加密密文和 TKIP 換掉，改用更安全的演算法和加密協定。此外，它實作了計數器模式密碼塊鏈消息完整碼協議（*Counter Mode CBC-MAC Protocol*，CCMP），這是一種更為安全的加密機制。這些都使得 WPA2 遠比先前的加密協定更為安全，而且也便於在存取點之間漫遊，讓使用者體驗更形順暢。請盡量為你的無線網路選用 WPA2 或更高階的協定。

話雖如此，外來者仍有可能攔截你的無線流量，並以暴力方式破解網路密碼。雖說 WPA2 很優秀，但世上沒有完美無缺的安全性。因此請確保你採用了足夠複雜的密語來防護無線網路。第十一章會再詳細探討密語這個題材。

WPA3

Wi-Fi 存取保護第三版（*Wi-Fi Protected Access version 3*，WPA3）是最新版的無線安全技術。它還相當新穎，也尚未普及。WPA3 改進安全性的辦法是，即使無線網路完全開放且不必以密碼認證，它還是會防止連上相同網路的使用者竊聽他人的無線通訊。

WPA3 達成上述功能的做法是，它把 WPA2 中使用的預先設置金鑰認證方式換成另一種新協定：*Simultaneous Authentication of Equals*（SAE）。此一變革也使得外來者無法以攔截流量的方式來破解網路密碼,因而更難以在未經授權的情況下存取網路。

目前 WPA3 仍在起步階段,因此只有少數裝置能支援。較新型的無線路由器和存取點可能會納入 WPA3 作為標準。但即便如此,其他裝置卻可能仍有待追趕此一趨勢,在那之前你仍無法採用此一標準;如果你的電話和電腦無法以 WPA3 連線,WPA3 路由器的價值便不顯著。只有當這一點有所進展,你才能改用 WPA3 取代其他的無線安全標準。

如欲設定我們在此介紹的 ASUS 路由器,請到無線設定裡,位於 **Advanced Settings ▶ Wireless ▶ General**,你可以在這裡建立主要的內部網路,包括指定網路名稱(SSID)、以及安全金鑰或密語,如圖 4-5 所示。然後在 **General ▶ Guest Network ▶ Enable** 底下,建立一個以上的訪客用網路,以便用來連接其他裝置,做法同樣是指定一個網路名稱、以及安全金鑰或密語,就跟設置主要無線網路時的做法一樣。

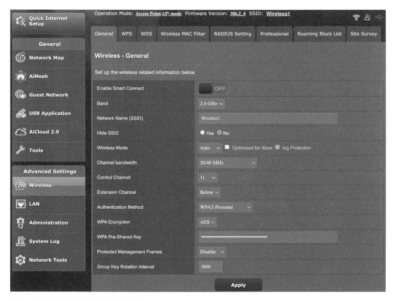

圖 4-5:主要無線網路設定

本例中採用的 ASUS 路由器，會把主要無線網路和訪客用網路分開來。大部分現代的中階和高階無線路由器都遵循相同的設定程序。任何連接至主要無線網路的端點都無法和連接至訪客用無線網路的端點相互通訊，反之亦然。然而若是你建立了多個訪客用網路，位於不同訪客網路中的裝置仍然可以接觸到對方並進行通訊。有些無線路由器會另外提供功能，將個別的訪客用網路也完全區隔開來。如果你很在乎此一功能，請在採購前先自行研究各款無線路由器。

請務必遵循安全的實施方式，並利用任何可以派上用場的安全選項，像是稍早介紹過的各種功能。譬如說，ASUS 路由器便具備數種防護無線網路的功能，如圖 4-6 所示。

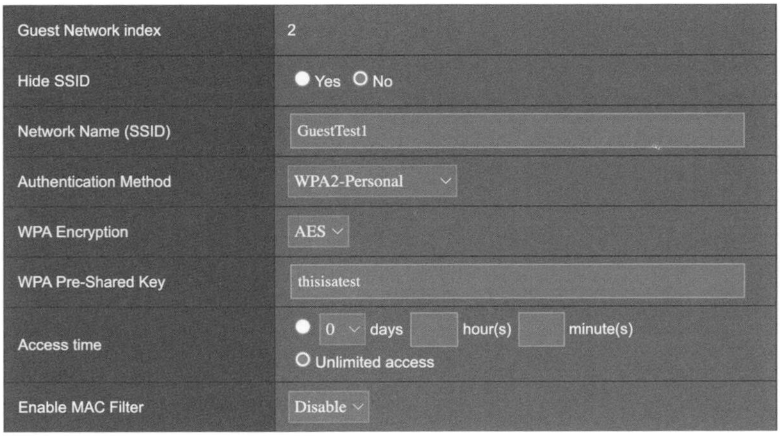

Guest Network index	2
Hide SSID	● Yes ○ No
Network Name (SSID)	GuestTest1
Authentication Method	WPA2-Personal ∨
WPA Encryption	AES ∨
WPA Pre-Shared Key	thisisatest
Access time	● 0 ∨ days ⬜ hour(s) ⬜ minute(s) ○ Unlimited access
Enable MAC Filter	Disable ∨

圖 4-6：無線網路安全設定

只要你有機會設置 WPA 密語或預先設置金鑰，請務必這樣做。不要錯過任何可以強化網路安全性以對抗投機外來者的機會。有時若能對允許連結的端點存取時間設限，也是很有助益的。如果你打算為始終保持連線的端點設置次要網路，前述的時限選項也許便與需求不符。然而若是你的次要網路是要提供給訪客、或是僅供只需有限度連線的端點使用的，就對允許端點連線的時間設下合理限制，依你所需訂為多少分鐘或幾小時都可以。圖 4-6 中的最後一個選項是啟用 MAC 過濾器（Enable MAC Filter），你可以在此按照裝置的硬體位址來決定是要允許或拒絕裝置取用你的網路。

無線網路的訣竅

大多數路由器都可以讓你隱藏無線網路，做法是將網路名稱或 *SSID* 的廣播功能關閉。此舉會讓該網路從你裝置上的可用網路清單中消失。但即使該網路看似隱藏，只要你擁有必要的存取身分，還是可以連上它。不過筆者也不建議隱藏網路。因為即使一般使用者看不見它，外來者只需準備一部網路分析儀（network analyzer），就還是有辦法識別出來。更糟糕的是，隱藏的無線網路其實會製造更多雜訊，反而比正常的無線網路更容易被發現。這是因為連上隱藏式無線網路的裝置必須經常發出廣播信號（beacons）以便判斷網路是否依然可用，因而產生流量，外來者可以藉此捕捉這類流量，並據以破解和入侵網路。如果只是要瞞過對科技所知無幾的鄰居，隱藏式網路很好用，但對於心懷不軌的攻擊者來說，並無多大作用。

請考慮在你的 Wi-Fi 無須運作時將其關閉，例如屋裡所有人都在睡覺的時候、或是當辦公室晚間關閉的時候。如果無線是關閉的，外來者便根本無法偵測，也就無從入侵。訪客用網路亦是如此；如果沒必要使用，乾脆關掉它以縮減被攻擊面。

總結

在這一章當中，我們探討了常見的無線網路安全風險，以及各種可以在網路中降低風險的做法，包括實作 IP 和 MAC 位址過濾、以及縮減 DHCP 伺服器中的可用位址空間等等。建立資產清單和網路架構圖，會有助於確保未經授權的裝置無法連上你的網路。竊聽則是最容易因應的風險。請為網路加上加密功能，例如 WPA 安全性（理想上是 WPA3，但須等到它全面普及），並為網路存取實施密語管理。

5

建置虛擬私人網路

所謂的虛擬私人網路（*virtual private network*，*VPN*），指的是一種可以讓你在公開網際網路上保有隱私和安全性的通訊方式。如果你不希望惡意第三者得以在網際網路上攔截你的筆電和 Google 伺服器之間的搜尋流量，你就得靠某種 VPN 來加密兩個端點之間的流量。如果你經常需要傳送敏感性的檔案或資料，例如私人身分資訊或是金融資訊，那麼最好是以加密方式將此類資訊保護起來。

VPN 的另一項主要功能，是延伸像是家中或辦公室私有網路的範圍，讓你可以從其他地理位置存取。VPN 會透過網際網路，在兩個網路之間建立一個通道（tunnel）。亦即如果某個使用者原本人在澳洲，但現在因公出差至歐洲，即使人不在澳洲，他還是可以從歐洲連回家中網路，就像人還在澳洲一樣。相反地，如果人在澳洲的某人，希望能以等同於人在歐洲的方式操作，就可以在歐洲放一個 VPN 端點，這通常可以經由第三方服務來達到目的。

本章會概述一系列的做法，教你建立一套私有的 VPN，其出口節點（*exit node*，亦即 VPN 通道的終點）位於遠離你本地網路的外部某處，通常會是地球上的另一個地理位置，讓這個遠地位置也變得像是你私有網路的一部分。我們會說明如何以 OpenVPN 或 Wireguard 來達到目的。

第三方 VPN 和遠端存取服務的缺點

雖說你可以訂購 NordVPN 或 ExpressVPN 之類的 VPN 服務，但運行你自己的 VPN 仍有其優勢，因為你可以控制其中一切細節，包括連線和流量紀錄的詳盡程度、以及服務所需的成本。此外，雖說第三方服務提供了一些優點，像是可以在不同地點享有多個出口節點，但他們通常不提供可以從遠端連回你自己網路的功能。採用第三方 VPN 服務的另一個挑戰，是他們通常會對你可以同時連線的裝置數量設下限制。但是私人管理的 VPN 便沒有這項限制。

近日以來，設計用來讓你可以透過網際網路從遠端存取端點的應用程式，如雨後春筍般層出不窮。包括了 Teamviewer 和 AnyDesk 等知名的軟體和廠商。雖說這類解決方案十分方便，其入門門檻又低，但它們卻讓你的私有網路受攻擊面大為增加，因為它們允許從網際網路遠端存取你的電腦，這種動作本不應經常發生。此外這些解決方案已有若干知名的弱點存在，包括它們容易受到攻擊。但 VPN 則可以作為安全得多的解決方案。

OpenVPN

OpenVPN 是最常見的 VPN 解決方案之一。由於它問世已久、存在又普及，相較於其他較新穎的解決方案，你可以對 OpenVPN 的安全性更有信心，因為新式方案也許還未經過充分嚴格的錯誤和弱點測試。很多網路硬體都內建了 OpenVPN，這一點十分有利，因為你的路由器可以在很多情況下成為你的網路內部的 VPN 端點（亦即 VPN 伺服器）。同時你的路由器也可以擔任 VPN 用戶端，連接到雲端的某部 VPN 伺服器，然後從你的內部網路連上該路由器的任何裝置，都可以透過這個 VPN 通道收發流量。以這種方式把你的網際網路流量加密，隱私性會比在沒有 VPN 的情況下直接操作網際網路要高得多。但理想上你會更想完全掌控 VPN 的出口節點；大部分的路由器會利用精簡版本的 Linux 或專屬的作業系統來運作，因此如果你能用 Ubuntu 來練習如何建置 VPN 伺服器，你獲得的彈性會更大。

EasyRSA

EasyRSA 是一套命令列工具，可以用來建置和管理憑證頒發機構（certificate authorities）。要對流量進行加密和防護，OpenVPN 會需要用到憑證頒發機構（*certificate authority*，*CA*）所發出的憑證。數位憑證（*digital certificates*）可以用來建立兩方之間的信任，通常是在網路和電腦之間。公開金鑰基礎設施（*public key infrastructure*，*PKI*）會負責分發、認證和註銷憑證，而 PKI 常被用來驗證數位憑證的所有權。這些憑證內會含有公開金鑰，讓使用方以成對公開／私密金鑰的一部分來為資料加密，然後只有持有與該私密金鑰配對的公開金鑰的那一方可以解密前述加密資料。這種方式便是當今網際網路上大多數通訊的安全防護方式。

你所建置的 CA，會負責產生、簽署、驗證和註銷（有必要的話）所有憑證，這些憑證都會用來在 VPN 伺服器和用戶端之間加密和防護通訊。從技術上說，你可以把 OpenVPN 和 CA 裝在同一部伺服器上，但分開安裝要安全得多。若是裝在一起，那麼任何外來者只需突破一套伺服器，便可能同時取得憑證和伺服器所使用的私密金鑰，甚至還能自行產生新的假憑證。因此你會需要兩套 Ubuntu 伺服器：其一擔任 OpenVPN 伺服器、另一個擔任憑證伺服器。你需要靠憑證伺服器來簽署 OpenVPN 伺服器產生的請求，以便讓 VPN 伺服器和任何用戶端裝置可以連上 VPN，不論是筆電、工作站、行動裝置或任何其他類型的裝置皆然。

Wireguard

相較於 OpenVPN，*Wireguard* 則屬於較新穎的替代方案，比較起來，後者較為簡單、速度也快得多。但其缺點就是還太年輕，儘管 Wireguard 也是開放原始碼，但還未經過充分錯誤及弱點測試的考驗。但是它在安全社群中已博得了相當的關注，在可靠度和安全方面也有不錯的名聲。

NOTE 如果你打算從遠端連上自己的私有網路，請記住你得為家中或辦公室的網際網路連線先取得一個靜態 IP 位址，還需要在邊界路由器上啟用若干通訊埠轉送（port forwarding）。只要你事先提出，大部分的網際網路服務供應商都會提供靜態 IP 位址，通常會象徵性地加收一點費用。

#19：用 OpenVPN 建立 VPN

在本章第一個 project 裡，大家要建立一部 OpenVPN 伺服器和一套管理憑證頒發機構（certificate authority），藉以保護 VPN 的通訊內容。接下來則是要產生相關的憑證、建立 OpenVPN 組態檔案、設定主機防火牆、並啟用 VPN。最後你需要一一設置 VPN 用戶端，它們都會用 VPN 收發流量，然後你必須連接並測試 VPN 連線。

在雲端啟用一部 OpenVPN 伺服器、並讓客戶端連入，整個過程約需不超過數小時。而後續添加用戶端，每個端點大約也只需要最多半小時。你需要在主機上啟用並設定防火牆，作為建置 VPN 的一部分。Ubuntu 內建的防火牆 *Uncomplicated Firewall*（*UFW*），其設計就是要用來簡化防火牆組態複雜程度的。它比 iptables（第三章已介紹過）這類解決方案要簡單得多。我們會在這個 project 中向大家介紹 UFW 及其運用，並以其作為主機防火牆替代方案。當然你也還是可以沿用第三章學到的概念，將相同的 UFW 規則套用在 iptables 的部署上。即使你已架設了 pfSense 這類的邊境防火牆，但還是應當按照第三章所述，啟動 Ubuntu 所提供的主機式防火牆或是 iptables，作為額外的主機層級防護層。實作主機式防火牆也有助於更進一步微調伺服器的網路連線組態。

一旦啟用防火牆，你就可以調整 Ubuntu 的安裝設定，讓 OpenVPN 的流量得以通過防火牆（筆者會在這個 project 的尾聲時說明這一點）。

要防護從你的網路發出的網際網路流量，就必須在另一個地方設置 VPN 出口節點，憑證伺服器亦是如此，因此你必須按照第一章的 Project 3 在雲端另外建置兩套基本的 Ubuntu 伺服器，當然你可以自行挑選心目中的雲端服務供應商。

一旦你的 Ubuntu 伺服器跑起來，請先以 SSH 登入預備用來擔任 OpenVPN 伺服器的那一部主機（跟憑證頒發機構分屬不同主機），但身分必須是標準的非 root 使用者：

```
$ ssh user@your_server_IP
```

一旦登入 OpenVPN 伺服器，在 bash 終端機畫面裡，用 apt 安裝 OpenVPN：

```
$ sudo apt install openvpn -y
```

你還需同時在 OpenVPN 伺服器及憑證伺服器上都安裝 EasyRSA。請記得用 apt 安裝最新的版本：

```
$ sudo apt install easy-rsa -y
```

請確認在兩部 Ubuntu 伺服器上都安裝了 EasyRSA。它預設會裝在 */usr/share/easy-rsa/* 目錄底下。

設置憑證頒發機構

接下來你得設定和建置憑證伺服器，以便擔任 CA。最簡單的方式就是利用 EasyRSA 提供的組態範本來修改，以符合你的需求。然後就可以起始一套 PKI、建立 CA、並產生其公開憑證和私密金鑰。

請瀏覽憑證伺服器的 *easy-rsa* 資料夾，並複製 *vars.example* 檔案。將副本更名為 *vars*：

```
$ cd /usr/share/easy-rsa/
$ sudo cp vars.example vars
```

記住，在 bash 當中大部分命令都是執行成功無誤的，因此畫面上不會產生任何輸出，你只會直接回到命令提示。

請用文字編輯器打開以上複製的 *vars* 檔案：

```
$ sudo nano vars
```

在這個檔案裡找出 *organizational* 欄位，其中包含了伺服器即將產生的憑證所需的機構資訊；譬如：

```
--snip--
#set_var EASYRSA_REQ_COUNTRY      "US"
#set_var EASYRSA_REQ_PROVINCE     "California"
#set_var EASYRSA_REQ_CITY         "San Francisco"
#set_var EASYRSA_REQ_ORG          "Copyleft Certificate Co"
#set_var EASYRSA_REQ_EMAIL        "me@example.net"
#set_var EASYRSA_REQ_OU           "My Organizational Unit"
--snip--
```

以上檔案中的每一行開頭都被事先加上註解符號，這樣在執行檔案時便不會讀取或解譯其中內容；它們會因此被忽略。但是我們要把每一行開頭的井字符號（#）拿掉，以確保檔案被引用時會讀取到相關內容。請把右側引號中的值改成與你的機構或個人網路相符的內容。這些值的內容可以完全自訂，但就不能是空白的。以下是一個例子：

```
--snip--
set_var EASYRSA_REQ_COUNTRY      "AU"
set_var EASYRSA_REQ_PROVINCE     "Queensland"
set_var EASYRSA_REQ_CITY         "Brisbane"
set_var EASYRSA_REQ_ORG          "Smithco"
set_var EASYRSA_REQ_EMAIL        "john@smithco.net"
set_var EASYRSA_REQ_OU           "Cyber Unit"
--snip--
```

請將檔案存起來，並關閉檔案。然後執行 *easy-rsa* 資料夾底下的 easyrsa 命令稿（這時你的現行工作目錄應該仍位於該處）以便起始 PKI，接著以相同的 easyrsa 命令稿建置 CA，這樣就會產生 CA 的公開憑證（*ca.crt*）及私密金鑰（*ca.key*）：

```
$ sudo ./easyrsa init-pki
--snip--
Your newly created PKI dir is: /usr/share/easy-rsa/pki
$ sudo ./easyrsa build-ca nopass
--snip--
CA creation complete and you may now import and sign cert requests.
Your new CA certificate file for publishing is at:
/usr/share/easy-rsa/pki/ca.crt
```

當你看到提示要輸入伺服器的通用名稱（Common Name）時，可以輸入任何你心目中的字串，但通常會採用伺服器的主機名稱、或是乾脆就直接按下 ENTER 以接受預設的 Common Name。輸出的訊息中會包括新建 PKI 目錄及 *ca.crt* 的路徑；*ca.key* 檔案則會另外放在相同位置的 *private* 資料夾底下。nopass 選項可以讓你在這段過程中的後半段每次查詢 CA 時都不會被提醒要提供密碼。

這便是目前所需的 CA 伺服器設定。以下的設定步驟都要改在 OpenVPN 伺服器上進行。

建立 OpenVPN 伺服器所需的憑證和密鑰

每一組要連上 VPN 的用戶端，都需要自己的一組公開憑證和私密金鑰。這些檔案會讓憑證伺服器、VPN 伺服器及任何其他 VPN 用戶端可以驗證用戶端，同時讓 VPN 當中的所有裝置可以通訊。基於同樣的理由，VPN 伺服器也需要有自己的憑證和密鑰。因此 project 的這個部分就要來解釋，如何為 OpenVPN 伺服器簽署憑證和產生密鑰。要讓用戶端連上 OpenVPN 伺服器時，也須遵照相同的過程。

在 OpenVPN 伺服器上，請瀏覽 *easy-rsa* 資料夾，並依照相同方式為這部伺服器初始一套 PKI：

```
$ cd /usr/share/easy-rsa
$ sudo ./easyrsa init-pki
```

就像每一個連上 VPN 的用戶端會需要憑證和密鑰一樣，OpenVPN 伺服器自己也需要一套 CA 簽署的憑證。因此請在 OpenVPN 伺服器上產生一個憑證請求（certificate request）：

```
$ sudo ./easyrsa gen-req server nopass
Using SSL: openssl OpenSSL 1.1.1f 31 Mar 2020
Generating a RSA private key
................................+++++
......................................+++++
writing new private key to '/usr/share/easy-rsa/pki/private/server.key.2ljAQtgUYY'
-----
You are about to be asked to enter information that will be incorporated
into your certificate request.
What you are about to enter is what is called a Distinguished Name or a DN.
There are quite a few fields but you can leave some blank
For some fields there will be a default value,
If you enter '.', the field will be left blank.
-----
Common Name (eg: your user, host, or server name) [server]:

Keypair and certificate request completed. Your files are:
req: /usr/share/easy-rsa/pki/reqs/server.req
key: /usr/share/easy-rsa/pki/private/server.key
```

看到提示時，請按下 ENTER 以接受為 VPN 伺服器預設的 Common Name，亦即
server，或是自行指定一個自訂名稱。輸出訊息會指出已經產生一組 RSA 私密金
鑰，並顯示出命令稿將產生的伺服器密鑰和憑證請求放在何處。

請把產生出來的 *server.key* 檔案複製到 OpenVPN 伺服器的組態所在目錄底下：

```
$ sudo cp /usr/share/easy-rsa/pki/private/server.key /etc/openvpn/
```

再用 rsync 把 *server.req* 檔案複製到憑證伺服器上，請把以下命令中的使用者和
CA-ip 等佔位內容換成你的憑證伺服器的相關使用者名稱和 IP 位址：

```
$ sudo rsync -ruhP /usr/share/easy-rsa/pki/reqs/server.req user@CA_ip:/tmp/
```

再來請鍵入以下命令，登入憑證伺服器，然後匯入並簽署剛剛產生並用 rsync 複
製過來的 VPN 憑證請求，以便讓 VPN 通訊可以做加密防護：

```
$ ssh user@CA_ip
$ cd /usr/share/easy-rsa/
$ sudo ./easyrsa import-req /tmp/server.req ❶ server
$ sudo ./easyrsa sign-req ❷ server
```

第一個 easyrsa import-req 命令會匯入請求。第二個引數便是你稍早為 VPN 伺
服器建立的 Common Name ❶。要簽署這份請求，請把引數 server 傳給 easyrsa
sign-req ❷，以便再度指出請求類型和 Common Name（稍後要簽署用戶端的請求
時，也會使用一樣的命令，但改以 client 為引數）。

當你被問到要確認所有詳情是否正確時，請再次確認 Common Name 是否已如預期般設定，然後鍵入 yes 並按下 ENTER 完成匯入和簽署程序。你需要把產生的 OpenVPN 伺服器憑證 *server.crt* 檔案（記得連同 CA 憑證一起），再從 CA 伺服器複製回到 OpenVPN 伺服器，這樣雙方才能彼此辨識對方：

```
$ sudo rsync -ruhP /usr/share/easy-rsa/pki/issued/server.crt user@vpn_ip:/tmp/
$ sudo rsync -ruhP /usr/share/easy-rsa/pki/ca.crt user@vpn_ip:/tmp/
```

在 OpenVPN 伺服器這一頭，請把相關檔案移動到 */etc/openvpn/* 目錄底下：

```
$ sudo mv /tmp/server.crt /etc/openvpn/
$ sudo mv /tmp/ca.crt /etc/openvpn/
```

接著你需要建立 Diffie-Hellman 密鑰，以便在裝置之間交換密鑰。所謂的 *Diffie-Hellman 密鑰交換*，是一種可以透過公開通訊管道，在兩造之間安全地交換公開和私密金鑰資訊的方式。若無此種功能，便無法在網際網路這樣的公開網路上建立起安全的加密管道。

你還會需要一個 *HMAC* 簽章來加強過程安全性。所謂的 HMAC 簽章，是用來HMAC 認證的元件，其中含有一組秘密金鑰，它可以用來驗證訊息或酬載的正確性。在過程中運用 HMAC 簽章，可確保密鑰交換的正確性，也可順便驗證密鑰的真實性。

在 VPN 伺服器上，請再度進到 *easy-rsa* 目錄下，並以稍早的 easyrsa 命令稿產生一組共享秘密金鑰：

```
$ cd /usr/share/easy-rsa/
$ sudo ./easyrsa ❶ gen-dh
$ sudo ❷ openvpn --genkey secret ta.key
$ sudo cp /usr/share/easy-rsa/ta.key /etc/openvpn/
$ sudo cp /usr/share/easy-rsa/pki/dh.pem /etc/openvpn/
```

引數 gen-dh ❶ 會建立一組 Diffie-Hellman 密鑰，這會花上一點時間，並產出一段冗長的輸出。而 openvpn --gen-key secret ❷ 命令則會迅速地產生一個 HMAC 簽章，如果一切成功無誤，你不會看到任何輸出。這些過程會產生 */usr/share/easy-rsa/ta.key* 和 */usr/share/easy-rsa/pki/dh.pem* 等檔案。請把它們複製到你的 OpenVPN 伺服器的組態目錄 */etc/openvpn/* 底下：

```
$ sudo cp /usr/share/easy-rsa/ta.key /etc/openvpn/
$ sudo cp /usr/share/easy-rsa/pki/dh.pem /etc/openvpn/
```

到此你已建立了伺服器所需的所有憑證和密鑰。

建立用戶端憑證

接下來,你需要建立用戶端的憑證和密鑰,以便讓用戶端可以連上 VPN,這段過程跟先前產製伺服器憑證時完全相同,但它關係到的是每一組個別的用戶端裝置。最有效的做法是同樣也在伺服器上產生需要的檔案,而不要在客戶端進行,這樣可以避免裝置間不必要的檔案傳輸。在 OpenVPN 伺服器上建立一個安全的位置來存放這些檔案:

```
$ sudo mkdir -p /etc/openvpn/client-configs/keys/
```

再次瀏覽 *easy-rsa* 目錄,為客戶端產生新的憑證請求,接著把密鑰複製到以上剛剛建立的目錄底下,再以安全的方式把請求檔案複製到 CA 伺服器端:

```
$ cd /usr/share/easy-rsa/
$ sudo ./easyrsa gen-req ❶ myclient nopass
$ sudo cp /usr/share/easy-rsa/pki/private/myclient.key \
    /etc/openvpn/client-configs/keys/
$ sudo rsync -ruhP /usr/share/easy-rsa/pki/reqs/myclient.req user@CA_ip:/tmp/
```

你會被要求為請求提供一個密語;請輸入一組並切記將其存放在安全之處,以便稍後參考。你也會被要求為 VPN 用戶端提供一個 Common Name。凡是要連上你 VPN 的每個用戶端,這個名稱都必須獨一無二,因此請考慮以用戶端主機名稱(本例中採用 myclient;請將其 ❶ 改為你自己愛用的用戶端名稱)。

在憑證伺服器這一端,請進入 *easy-rsa* 目錄:

```
$ cd /usr/share/easy-rsa/
```

再度以用戶端的 Common Name(本例的 myclient)匯入請求,然後用 client 指示來簽署,注意這和先前以 server 指示簽署有所不同:

```
$ sudo ./easyrsa import-req /tmp/myclient.req myclient
$ sudo ./easyrsa sign-req client myclient
```

再度確認 Common Name 是否正確,然後鍵入 **yes** 並按下 ENTER 完成上述命令。

最後請把新產生的憑證複製回到你的 OpenVPN 伺服器:

```
$ sudo rsync -ruhP /usr/share/easy-rsa/pki/issued/myclient.crt user@vpn_ip:/tmp/
```

要讓 VPN 正確運作,你先前建立的 *ta.key* 和 *ca.crt* 等檔案,以及剛剛產生的 *myclient.crt* 檔案,都需要放在 OpenVPN 伺服器的用戶端組態目錄底下。在 VPN 伺服器上將這些檔案複製到 */etc/openvpn/client-configs/keys/* 目錄底下:

```
$ sudo cp /usr/share/easy-rsa/ta.key /etc/openvpn/client-configs/keys/
$ sudo mv /tmp/myclient.crt /etc/openvpn/client-configs/keys/
$ sudo cp /etc/openvpn/ca.crt /etc/openvpn/client-configs/keys/
```

就這樣你建立了用戶端連上 OpenVPN 伺服器所需的檔案。必要時你可以重複以上過程多少次都可以。只需確認每次為新用戶端產生檔案時，都要把用戶端名稱 myclient 改成不一樣的字眼就是了。

設定 OpenVPN

現在憑證伺服器已經可以運作，你可以設定 OpenVPN 伺服器了。請先把 OpenVPN 的組態範本複製一份，然後根據你的需求修改。

在你的 OpenVPN 伺服器上，將組態範本複製到 OpenVPN 的組態目錄底下：

```
$ sudo cp /usr/share/doc/openvpn/examples/sample-config-files/server.conf /etc/openvpn/
```

然後用文字編輯器打開複製過來的 *server.conf* 檔案（這裡以 nano 為例）：

```
$ sudo nano /etc/openvpn/server.conf
```

就像其他任何組態檔一樣，請打開後四下觀察一番，熟悉其內容配置。或許你已注意到這些組態檔案會同時使用 # 和 ; 字元來作為各行註解。

一旦搞清楚檔案中的既有選項，你也許會想先把 VPN 會用到的通訊埠或協定改一改。請找出開頭有 port 或 proto 字樣的各行，並注意其中無用的行數會被分號字元註銷：

```
--snip--
port 1194
--snip--
;proto tcp
proto udp
--snip--
```

OpenVPN 可以透過 UDP 或 TCP 運作，但它預設採用 UDP，而預設通訊埠則是 1194。不過你可以要求它改用你指定的任一通訊埠運作，但若是你改了這個部分，就必須在隨後的所有命令及檔案中做出一樣的更動。此外請確認檔案中所參照的憑證及密鑰，其位置及名稱都必須和先前小節中的組態能夠呼應。

```
--snip--
ca ca.crt
cert server.crt
key server.key
--snip--
```

當你改到 Diffie-Hellman 這個段落時，務必確認檔案要和你先前建立的一致；組態檔案預設列出的是 *dh2048.pem*，但這必須改成和你先前所建立一致的 *dh.pem*：

```
--snip--
#dh dh2048.pem
dh dh.pem
--snip--
```

此外，像是 redirect-gateway 和 dhcp-option 等等的 DNS 指示都不應註銷，因此請把這幾行開頭相應的分號拿掉：

```
--snip--
push "redirect-gateway def1 bypass-dhcp"
--snip--
push "dhcp-option DNS 208.67.222.222"
push "dhcp-option DNS 208.67.220.220"
--snip--
```

這些指示會確保所有的流量都會經過 VPN，而非不安全的網際網路。你可以讓 DNS 保持在預設的設定值，或是將其改為任何你偏好的 DNS 伺服器，像是 Quad9（ *9.9.9.9* ）、Google（ *8.8.8.8* ），或是如果你有按照第七章所述設置 Pi-Hole DNS 伺服器的話，也可指向它。

接著檢查 tls-auth 指示被設為 0，而且沒有被分號註銷，還有密文應訂為 AES-256-CBC。然後緊接在 cipher 指示後面加上 auth 指示：

```
--snip--
tls-auth ta.key 0
--snip--
cipher AES-256-CBC
auth SHA256
--snip--
```

tls-auth 指示會確認你稍早設置的 HMAC 簽章真的有被用來防護 VPN。密文的相關設定甚多，而 AES-256 是相當合理的選擇，因為它提供的加密很不錯、支援又完善。SHA256 則是指出了 HMAC 訊息摘要（ message digest ）所採的演算法，亦即計算而得的雜湊值會是一筆 SHA256 的雜湊，與其他雜湊演算法相比，SHA256 被公認是安全且不易發生雜湊衝突的。

要讓 VPN 更形安全，請把 user 和 group 等指示前的分號拿掉，這會讓 VPN 服務只能以較低權限運行，理想上此舉可以抑制權限提升攻擊的風險：

```
--snip--
user nobody
group nogroup
--snip--
```

全部改好後，請存檔並關閉組態檔編輯。

OpenVPN 的組態已經完成了，但你還得繼續修改伺服器的網路設定。首先必須設定 IP forwarding，不然 VPN 根本無法對接收到的流量做任何處理：

```
$ sudo sysctl -w net.ipv4.ip_forward=1
```

重新載入 sysctl 以便讓異動生效，就像這樣：

```
$ sudo sysctl -p
net.ipv4.ip_forward = 1
```

該命令可能還會一併輸出 *sysctl.conf* 檔案中有改動過的各行。

設定防火牆

這個程序中的第一個步驟，是要先找出你的 VPN 伺服器上的公用網路介面；你的伺服器也許具備多個網路介面，若是以下的命令選錯介面，可能就會弄出一套哪裡也去不了的 VPN，無法將流量正確地轉發到網際網路上：

```
$ ip route | grep -i default
default via 202.182.98.1 dev ens3 proto dhcp src 202.182.98.40 metric 100
```

在以上的輸出中，網路介面名為 ens3，但你在自己系統上看到的不見得會是同一個名稱。ip route 所顯示的 *default route*（預設路由）就是你主機的公用網路介面。你需要這個資訊才能正確地設定防火牆。

在大多數防火牆中，規則的設置順序是考量的關鍵重點。在 UFW 裡，規則檔案裡的規則會依以下順序逐一評估：首先是 *before.rules*，其次是 *user.rules*，最後才是 *after.rules*。防火牆必須要能正確地識別和推送 VPN 流量，因此相關規則必須位於防火牆組態頂端。在 UFW，請以文字編輯器開啟 *before.rules* 檔案：

```
$ sudo nano /etc/ufw/before.rules
```

然後在檔案頂端加上以下幾行，讓 OpenVPN 用戶端的流量可以通過你上一步的命令所找出的公用網路介面：

```
*nat
:POSTROUTING ACCEPT [0:0]
-A POSTROUTING -s 10.8.0.0/24 -o ens3 -j MASQUERADE
COMMIT
```

網路 *10.8.0.0/24* 指的是連上你的 VPN 的用戶端會分配到的位址。這些位址應該要和你網路裡使用的位址不一樣。如果你在網路中採用 *192.168.1.x* 定址，就不要讓 VPN 網路也採用 *192.168.1.x* 的定址。只要你的網路使用的是 *10.8.0.x* 以外的位址，以上組態就可以安全適用。

請儲存並關閉檔案。UFW 應該要接受（accept）而非棄置（drop）轉發而來的封包。你要這樣修改 UFW 的組態檔：

```
$ sudo ufw default allow FORWARD
```

最後，防火牆還得允許 VPN 所使用的通訊埠和協定收發流量，就像要允許 SSH 作為伺服器管理那樣。請輸入以下命令，按照 *etc/openvpn/server.conf* 裡的組態允許正確的通訊埠和協定通過：

```
$ sudo ufw allow 1194/udp
```

然後也要放行 OpenSSH：

```
$ sudo ufw allow OpenSSH
```

最後重啟防火牆讓異動永久生效：

```
$ sudo ufw disable
$ sudo ufw enable
```

當防火牆重啟時，你的 SSH 連線可能會瞬斷，因此你需要重新再登入一次。

啟動 VPN

進行到此，你已經可以啟動 VPN 了。請以 systemctl 來進行，這支工具是專門用來控制 Ubuntu 中所有服務的，請用你的伺服器的 Common Name 作為引數傳給該命令：

```
$ sudo systemctl start openvpn@server
```

檢查 VPN 的狀態：

```
$ sudo systemctl status openvpn@server
```

如果運作無誤，輸出訊息應該會顯示它是 active（亦即運作中）。

請按下 Q 鍵回到終端機畫面，將 VPN 調整為伺服器每次重新開機後都會啟動：

```
$ sudo systemctl enable openvpn@server
```

現在你的 VPN 應已啟動運作，可以接受用戶端連入了。

設定 VPN 用戶端

用戶端必須先設好 *.ovpn* 檔案,才能據以連接 VPN 伺服器,進而透過安全通道收發流量。如果需要連線的用戶端為數甚眾,重複建立這類組態的過程就可能十分乏味,因此我們會改用一種可以輕鬆重複全程的方式。我們要先在 OpenVPN 伺服器產生組態檔案,然後將這些組態檔案傳給相關的用戶端。

請先在 OpenVPN 伺服器上建立一個安全的位置,用來存放用戶端組態檔案(譬如 */etc/openvpn/client-configs/files/*),然後把另一個 OpenVPN 提供的範本複製進來,並以文字編輯器打開複製的 *base.conf* 檔案:

```
$ sudo mkdir -p /etc/openvpn/client-configs/files/
$ sudo cp /usr/share/doc/openvpn/examples/sample-config-files/client.conf \
    /etc/openvpn/client-configs/base.conf
$ nano /etc/openvpn/client-configs/base.conf
```

先前後熟悉一下檔案內容。如果先前你曾更改了伺服器端的通訊埠或協定,這裡就要做相應的更動。

```
--snip--
;proto tcp
proto udp
--snip--
remote vpn_ip 1194
;remote vpn_ip 1194
--snip--
```

此外也要把 user 和 group 等指示的註解拿掉:

```
--snip--
user nobody
group nogroup
--snip--
```

把 SSL/TLS 參數加上註解符號:(此處的值每個 VPN 用戶端都會不一樣)

```
--snip--
#ca ca.crt
#myclient.crt
#myclient.key
--snip--
```

把 tls-auth 指示加上註解符號:

```
--snip--
#tls-auth ta.key 1
--snip--
```

把 cipher 和 auth 等指示改成呼應伺服器端組態檔的值：

```
--snip--
cipher AES-256-CBC
auth SHA256
--snip--
```

最後在檔案結尾加上以下這一行：

```
--snip--
key-direction 1
```

key-direction 指示會告訴用戶端，在這個用戶端與伺服端的關係中，應該由哪一方提供密鑰、並以該密鑰來為 VPN 通道加密。它可以設為 0 或 1，但在這個組態裡它應設為 1，因為這樣才能強制用戶端對伺服端通訊時，應採用與伺服端返回對用戶端通訊時不一樣的密鑰，進而保證較佳的整體安全性。到此請儲存並關閉檔案。

你可以寫一支命令稿，把上述元素兜起來，藉以輕鬆地產出用戶端組態。產生一個 .sh 檔案作為命令稿，並訂為可以執行，然後用文字編輯器（還是 nano）打開它：

```
$ sudo touch /etc/openvpn/client-configs/client_config.sh
$ sudo chmod +x /etc/openvpn/client-configs/client_config.sh
$ sudo nano /etc/openvpn/client-configs/client_config.sh
```

把清單 5-1 的內容貼到命令稿內。

```
#!/bin/bash
KEY_DIR=/etc/openvpn/client-configs/keys
OUTPUT_DIR=/etc/openvpn/client-configs/files
BASE_CONFIG=/etc/openvpn/client-configs/base.conf
cat ${BASE_CONFIG} \
    <(echo -e '<ca>') ${KEY_DIR}/ca.crt \
    <(echo -e '</ca>\n<cert>') ${KEY_DIR}/${1}.crt \
    <(echo -e '</cert>\n<key>') ${KEY_DIR}/${1}.key \
    <(echo -e '</key>\n<tls-auth>') ${KEY_DIR}/ta.key \
    <(echo -e '</tls-auth>') > $ {OUTPUT_DIR}/${1}.ovpn
```

清單 5-1：一支可以產生用戶端組態檔案（.ovpn）的命令稿

儲存並關閉檔案。第一行會讓 bash 知道，以下檔案內容確為命令稿。緊接著的三行皆為變數賦值，如果你的密鑰所在目錄、輸出目錄及基本組態檔所在目錄跟本章所述不同，你可以隨意按照自己的狀況去修改。

請按照清單 5-2 示範方式，在 *client-configs* 目錄下執行命令稿，命令稿唯一的執行參數便是用戶端名稱。這個名稱應當呼應你稍早建立憑證及密鑰檔案時使用的名稱。在產生其他用戶端的組態檔案之前，務必記得先替它們產生所需的憑證和密鑰，然後才能用清單 5-1 的命令稿去參照這些憑證和密鑰檔案，並建立相應的 *.ovpn* 檔案。別忘了憑證和密鑰的產生過程須涉及建立憑證請求，還要把請求交付給憑證伺服器簽署，接著還得把憑證再傳回到 VPN 伺服器的 *client-configs* 目錄。[譯註 7]

清單 5-2 便顯示了如何執行命令稿，替 myclient 用戶端產出組態檔，以及如何以命令檢視產生的檔案。

```
$ cd /etc/openvpn/client-configs/
$ sudo ./client_config.sh myclient
$ ls -lah /etc/openvpn/client-configs/files/
total 20
drwxrwxr-x 2 test test 4096 Apr 28 23:22 ./
drwxrwxr-x 4 test test 4096 Apr 28 23:21 ../
-rw-rw-r-- 1 test test 11842 Apr 28 23:22 myclient.ovpn
```

清單 5-2：執行清單 5-1 的命令稿

一旦用戶端的 *.ovpn* 檔案產生出來，請用 rsync 將它下載到你的本地端電腦，然後將其匯入裝置的 OpenVPN 用戶端。

```
$ rsync -ruhP user@vpn_ip:/etc/openvpn/client-configs/files/myclient.ovpn ./
```

OpenVPN 的用戶端應用程式幾乎支援所有主流作業系統，包括 Windows、Linux、macOS、iOS 和 Android。你可以從 OpenVPN 網站找到它們：*https://openvpn.net/community-downloads/*。

下載並安裝完成後，就可以匯入 *.ovpn* 組態檔案、連上 VPN、並以更為私密及安全的方式使用網際網路了。如果你打算以 Linux 用戶端連接 VPN，可以這樣安裝 OpenVPN：

```
$ sudo apt install openvpn -y
```

然後以命令及組態檔連接 VPN：

```
$ sudo openvpn myclient.ovpn
```

譯註 7　注意以上命令稿在產生 .ovpn 檔案內容時，使用了大量的 echo 和 cat 命令，這些都會把相應的憑證或密鑰檔案內容直接匯入到 .ovpn 檔案當中。這就是何以用戶端只需這一個 .ovpn 檔案、也不用複製憑證及密鑰檔案，就可以設定用戶端的緣故（但是記得要把用戶端的憑證傳到 VPN 伺服器端的用戶端設定目錄底下）。

請參閱第 90 頁的「測試你的 VPN」一節，看要如何進一步測試，以確保你的 VPN 確實安全無虞。

#20：以 Wireguard 建立 VPN

較新近版本的 Ubuntu（亦即 2020 年 3 月以來的版本）都在核心中內建了 Wireguard，因此很容易就可以安裝它並令其運行。目前內建 Wireguard 的網路硬體為數尚少，因此你得一一設定每一個端點，才能手動連線，而不是只需設定路由器、再把網路流量一股腦丟給 VPN 通道就好。在這個 project 中，讀者們要依指示在雲端建立虛擬機器，然後再安裝和設定 Wireguard，以此建立 Wireguard 伺服器。我們會為伺服端和任何用戶端產生相關的成對公開及私密金鑰，並視需求設定伺服器的防火牆，然後設定並連接用戶端，最後測試 VPN，確保它正確運作。只要你連上 Wireguard VPN，就可以確信自己的網際網路流量安全無虞。

安裝 Wireguard

按照第一章中 Project 3 的指示建立新的 Ubuntu 伺服器。以標準的非 root 使用者和 SSH 登入該伺服器：

```
$ ssh user@your_server_IP
```

然後用 apt 安裝 Wireguard，記得加上 -y 略過各個確認提示：

```
$ sudo apt install wireguard -y
```

接著你要建立必要的公開和私密金鑰，它們是 VPN 連線和加密時所必需的。

設置成對密鑰

基於以下新建檔案和資料夾的敏感性質，最好是先加上一些比平常更為嚴謹的權限。請以下列命令確保只有檔案持有人才能讀寫相關檔案：

```
$ umask 077
```

這個 umask 命令的作用在你離開終端機會談之後便會失效，但它可以確保你在會談期間建立的資料夾和檔案，都是只有持有人才有權讀寫的。

現在用 wg genkey 命令產生私密的 Wireguard 金鑰：

```
$ wg genkey | sudo tee /etc/wireguard/private.key
```

終端機輸出顯示的就是你的私密金鑰內容，它會放在命令指定的 *private.key* 檔案中。不要分享這個密鑰。請將其視為密碼看待——它是你的 VPN 的安全關鍵。

建立私密金鑰後，你需要再製作相應的公開金鑰，並將其提供給用戶端，以便對方用來向伺服器進行認證：

```
$ sudo cat /etc/wireguard/private.key | wg pubkey | sudo tee /etc/wireguard/public.key
```

以上命令會先以 cat 讀入 *private.key* 的檔案內容。然後 wg pubkey 命令會依據該私密金鑰產製公開金鑰。新的公開金鑰會顯示在終端機輸出畫面上，同時也寫到 *public.key* 檔案當中。

現在你手中有一對公開 / 私密金鑰，可以用來設定 VPN 伺服器和用戶端了。

設定 Wireguard

Wireguard 需要靠組態檔案運作。這個檔案不會在你安裝 Wireguard 時一併產生，因此你得自行從頭撰寫一個。請以文字編輯器建立並開啟 */etc/wireguard/wg0.conf* 檔案：

```
$ sudo nano /etc/wireguard/wg0.conf
```

加入以下內容：

```
[Interface]
PrivateKey = your_private_key
Address = 10.8.0.1/24
ListenPort = 26535
SaveConfig = true
```

記得把 *your_private_key* 換成你剛建立的私密金鑰。你的密鑰就是 */etc/wireguard/private.key* 檔案的內容。而 address 一欄的內容就是你希望 VPN 用戶端連上伺服器時，伺服器自身的位址，而且用戶端連上你的伺服器時所配發的位址，要跟伺服器位址位於同一子網路；務必確認這個子網路跟你的私有網路沒有重疊。譬如說，若你在網路中採用 *192.168.1.x* 為位址，就不要再把 *192.168.1.x* 位址指派給 VPN。傾聽的通訊埠可以是 1025 到 65535 之間的任意值，請隨意選擇。這個通訊埠就是伺服器和用戶端用來通訊的。寫好後儲存並關閉組態檔。

這裡你得對伺服器的網路設定做一番修改。請設定 IP forwarding（IP 轉發）以便讓 VPN 把它接收到的流量轉發出去，請執行以下命令，然後重啟 sysctl 以便讓變更生效：

```
$ sudo sysctl -w net.ipv4.ip_forward=1
$ sudo sysctl -p
```

接著要設定防火牆讓 VPN 流量進出伺服器。

設定防火牆

在這個小節中，我們要探討 *Uncomplicated Firewall*（*UFW*）的運用。它是 Ubuntu 內建的防火牆，其設計用意就是要降低防火牆設定的複雜性。在設定防火牆之前，需先確認 VPN 的網路介面。如果指定錯誤介面，會導致 VPN 無法運作。請輸入以下命令找出伺服器的預設網路介面：

```
$ ip route | grep -i default
default via 172.16.90.1 dev ens33 proto dhcp metric 100
```

以上輸出顯示，網路介面是 ens33（當然讀者在自家機器上看到的可能會不一樣）。而 ip route 顯示的 *default route*，指的就是你的主機的公開網路介面。你需要這個資訊才能正確設定防火牆。

接著要在 Wireguard 組態檔末端加上以下規則，請再次以文字編輯器打開 */etc/wireguard/wg0.conf*，並以 ens33 取代網路介面名稱：

```
$ sudo nano /etc/wireguard/wg0.conf
--snip--
SaveConfig = true
PostUp = ufw route allow in on wg0 out on ens33
PostUp = iptables -t nat -I POSTROUTING -o ens33 -j MASQUERADE
PreDown = ufw route delete allow in on wg0 out on ens33
PreDown = iptables -t nat -D POSTROUTING -o ens33 -j MASQUERADE
```

儲存並關閉檔案。這會讓 Wireguard 在啟動後去修改防火牆組態，也會在關閉前再次修改防火牆組態，藉以讓 VPN 正確運作。

此外，你還得允許流量通過稍早指定傾聽的通訊埠（此例中為 26535 號埠）：

```
$ sudo ufw allow 26535/udp
```

接著還要允許 OpenSSH：

```
$ sudo ufw allow ssh
```

更新以上規則後，必須停用再啟用 UFW，以便重新載入規則（你的 SSH 會談可能會瞬斷，所以得重新登入）：

```
$ sudo ufw disable
$ sudo ufw enable
```

至此防火牆設定才算完成。

辨識 DNS 伺服器

要保護網際網路流量，你的 VPN 還需要正確設定的 DNS，以便防範 DNS leaks（DNS 洩漏）這類的漏洞，因為它可能破壞你的安全性。要解決此一問題，你必須強制 Wireguard VPN 採用 Wireguard 伺服器自身參照的 DNS 伺服器。請以如下命令辨識 DNS 伺服器：

```
$ resolvectl dns ens33
```

其輸出便是你要在組態中提供給用戶端的 DNS 位址，稍後便會用到——現在先記下來。

啟動 VPN

理想上 VPN 應該在伺服器開機後跟著一起啟動，並準備接受用戶端連線。你可以利用 systemctl 建立並啟動 Wireguard 作為系統服務：

```
$ sudo systemctl enable wg-quick@wg0.service
$ sudo systemctl start wg-quick@wg0.service
```

完成後請檢查狀態，確認 Wireguard 已在執行中：

```
$ sudo systemctl status wg-quick@wg0.service
```

如果運作無誤，輸出會顯示它是 active。如果服務並非活動中、或是呈現失敗狀態，請再次檢查組態檔案及防火牆狀態，確認沒有打錯字、或是組態中有其他錯誤存在。

建立 VPN 用戶端

Wireguard 提供了 Windows、macOS、Android 和 iOS 專屬的官方用戶端應用程式——但設定基本上都大同小異。設定 Linux 用戶端需要比較多的動作，但如果你已能成功完成 Wireguard 伺服器設定，那設定 Linux 用戶端對你來說也是小菜一碟。

Windows、macOS、Android 或是 iOS 的用戶端組態

要設定這些作業系統上的用戶端，請依以下步驟進行：

1. 從 *https://www.wireguard.com/install/* 下載並安裝相關用戶端程式。

2. 在用戶端介面，點選 + 或是 **Add Tunnel ▸ Add Empty Tunnel** 已便從頭新建 VPN profile。

3. 注意這時會顯現用戶端的公開和私密金鑰。

4. 請在 Name 欄位中填入好記的名稱。

5. 忽略任何 On Demand 設定或是勾選框。

6. 在組態中添加以下細節，位於用戶端自動產生的 PrivateKey 之下：

```
--snip--
Address = 10.8.0.2
DNS = 108.61.10.10

[Peer]
PublicKey = server_public_key
AllowedIPs = 0.0.0.0/0
Endpoint = server_public_ip:listening_port
```

Address 指的是你的用戶端要在 VPN 子網中採用的 IP 位址，每個 VPN 用戶端都必須彼此不同。DNS 則應該是你剛剛在第 86 頁的「辨識 DNS 伺服器」一節中所查到的 DNS 伺服器。PublicKey 則是稍早為 Wireguard 伺服器產生的那一組公開金鑰。AllowedIPs 則代表 *split tunneling* 所需的設定；若流量會出入此一指示中所列的網路或位址，便會被交由 VPN 通道發送，範圍外的流量則繞過 VPN 直接外出。若在此設為 0.0.0.0/0，代表來自用戶端的一切流量都要經過 VPN。Endpoint 代表你的 VPN 伺服器的公共 IP 位址，後面尾隨的是稍早指定的傾聽通訊埠（本例是 26535）。

7. 儲存組態。

8. 在 Wireguard 伺服器端，請停下 Wireguard 服務，注意此時任何連線中的用戶端都會被中斷，請這樣執行：

```
$ sudo systemctl stop wg-quick@wg0.service
```

9. 用文字編輯器打開 */etc/wireguard/wg0.conf* 組態檔：

```
$ sudo nano /etc/wireguard/wg0.conf
```

10. 把用戶端詳情填入組態檔底部，記住每一個用戶端都需要在這個檔案中擁有自己專屬的 [Peer] 段落：

```
--snip--
[Peer]
PublicKey = client_public_key
AllowedIPs = 10.8.0.2
```

這一段 PublicKey 指的是你在 Wireguard 用戶端應用程式產生的公開金鑰。在這裡的 [Peer] 段落中，AllowedIPs 參照的是允許經由此一 VPN 通道發送流量的 IP 位址。請將這裡訂為 VPN 網路中該用戶端特定主機的 IP，它必須對應稍早你在用戶端組態中為該用戶端設定的 IP。

11. 儲存並關閉檔案。

12. 啟動 Wireguard 服務，再度檢查狀態是否為 active：

```
$ sudo systemctl start wg-quick@wg0.service
$ sudo systemctl status wg-quick@wg0.service
```

回到用戶端，啟用 VPN 連線。一旦成功連線，用 ping 測試 Wireguard 伺服器的 VPN 位址（譬如 10.8.0.1）：

```
$ ping 10.8.0.1
PING 10.8.0.1 (10.8.0.1): 56 data bytes
64 bytes from 10.8.0.1: icmp_seq=0 ttl=57 time=43.969 ms
64 bytes from 10.8.0.1: icmp_seq=0 ttl=57 time=43.969 ms
64 bytes from 10.8.0.1: icmp_seq=0 ttl=57 time=43.969 ms
64 bytes from 10.8.0.1: icmp_seq=0 ttl=57 time=43.969 ms
--- 10.8.0.1 ping statistics ---
4 packets transmitted, 4 packets received, 0.0% packet loss
round-trip min/avg/max/stddev = 43.969/43.969/43.969/0 ms
```

若是成功，代表你的用戶端與伺服器之間的 VPN 連線成功。任何新增的用戶端都需重複以上過程。

Linux 用戶端

設定 Linux 用戶端的步驟如下：

1. 安裝好 Wireguard 和 resolvconf（這是 DNS 組態所需）：

```
$ sudo apt install wireguard resolvconf -y
```

2. 產生用戶端的成對公開 / 私密金鑰：

```
$ wg genkey | sudo tee /etc/wireguard/private.key
$ sudo cat /etc/wireguard/private.key | wg pubkey | sudo tee \
    /etc/wireguard/public.key
```

3. 建立 Wireguard 用戶端組態檔：

```
$ sudo nano /etc/wireguard/wg0.conf
[Interface]
PrivateKey = client_private_key
Address = 10.8.0.3
DNS = 108.61.10.10

[Peer]
PublicKey = server_public_key
AllowedIPs = 0.0.0.0/0
Endpoint = server_public_ip:listening_port
```

4. 儲存並關閉檔案。

5. 在 Wireguard 伺服器這一段，停下 Wireguard 服務：

```
$ sudo systemctl stop wg-quick@wg0.service
```

6. 用文字編輯器開啟 /etc/wireguard/wg0.conf 組態檔：

```
$ sudo nano /etc/wireguard/wg0.conf
```

7. 在組態檔底端加上以下的用戶端細節：

```
--snip--
[Peer]
PublicKey = client_public_key
AllowedIPs = 10.8.0.3
```

這一段 PublicKey 指的是你在 Wireguard 用戶端應用程式產生的公開金鑰。在這裡的 [Peer] 段落中，AllowedIPs 參照的是允許經由此一 VPN 通道發送流量的 IP 位址。請將這裡訂為 VPN 網路中該用戶端特定主機的 IP。

8. 儲存並關閉檔案。

9. 啟動 Wireguard 服務並再度檢查其狀態是否為 active：

```
$ sudo systemctl start wg-quick@wg0.service
$ sudo systemctl status wg-quick@wg0.service
```

回到用戶端，請以下列命令啟用 VPN 連線：

```
$ wg-quick up wg0
```

一旦連線成功，請用 ping 檢測你的 Wireguard 伺服器的 VPN 位址（譬如 10.8.0.1）。若是成功，代表你的用戶端與伺服器之間的 VPN 連線成功。如欲斷開 Linux 用戶端與 VPN 伺服器，請使用以下命令：

```
$ wg-quick down wg0
```

任何後來新增的用戶端都需重複以上過程。

測試你的 VPN

無論你採用哪一種 VPN，都可以先透過 *https://www.whatismyip.com/* 這樣的網站，在你尚未連上 VPN 之前先檢查你使用的公開 IP 位址。完成後再去連接 VPN，然後更新該網頁的內容。你的公開 IP 位址此時應該會變成 VPN 伺服器的 IP 位址了。另一種測試 VPN 的方式，是利用 DNS leak 這類的服務，其網址為 *https://dnsleaktest.com/*。跑一次標準的測試應該就可以讓你清楚地看出自己的 VPN 組態是否有任何問題。如果你的真正公共 IP 已被遮罩隱蔽，同時 DNS leak 測試也只顯示你指定 VPN 使用的 DNS 伺服器，那麼你的私人 VPN 伺服器設置就算是功德圓滿了。

總結

讓多個用戶端連上 OpenVPN 或 Wireguard 伺服器，就能讓它們像是在同一網路中那般傳遞流量。亦即只需讓多個裝置同時連入 VPN，你就能輕易地管理它們。本章談到了如何以 OpenVPN 或是更輕巧快捷的 Wireguard 設置你自己的私有 VPN，讓你可以完全掌控。只有當你連上 VPN 時，你的私人網際網路流量才算是真正地完全私密而且安全。

6

以 SQUID PROXY 來提升瀏覽私密性

所謂代理伺服器（proxy server），扮演的是一個居於你和網際網路之間的中介角色。當你請求取得網頁時，proxy 會接收該請求，然後（必要時）轉發給網頁伺服器。proxy 可以保護你的隱私，因為它會更改通常用來與網際網路服務互動時所需的中介資料（metadata）。管理者也可以利用 proxy 來阻擋特定內容的存取動作，例如社群媒體或線上博弈之類。

本章將告訴大家如何安裝、設定和運用 *Squid proxy*，這是一種在大多數作業系統上都適用的解決方案。透過 Squid，你就可以加快對網站的存取速度，改善安全性，並允許或防止對特定網域或網站的存取動作。第七章還會談到另一種 proxy 解決方案 Pi-Hole，它具備和 Squid 相同的優點，但它還能擋下廣告（ads）並防範其他追蹤及隱私性問題。如何選擇最適合你自己需求的 proxy，就要看你覺得何者比較簡單好用、以及何者能給你最佳的使用者體驗。

為何要採用 Proxy ？

每當你造訪網站時，你的電腦會對網頁伺服器發出請求，然後後者發送檢視網站所需的資訊作為回應。瀏覽器與伺服器之間的通訊，可能會在中介資料中揭露你的個人資訊（例如你的瀏覽器、公開 IP 位址等等）。網頁伺服器透過中介資料推測你和你的裝置，像是所在位置、你的時區和時刻、還有你的瀏覽習慣等等。基於多項緣由，你也許會想把這類資訊保密。此外，載入網頁和內容也需要消耗頻寬，因此當越多人使用網際網路連線時，連線便會越發遲緩，因而對所有使用者造成負面觀感。

proxy 的最大優點之一，就是它們能夠將通過的流量做*暫存處理*（*cache*）。這代表每當接收網頁時，proxy 便會留下一份當地副本。下次當有人嘗試瀏覽相同的網站時，proxy 首先便會檢查暫存區裡的副本，如果副本存在，它便會把副本交給使用者，而不是把瀏覽請求發給網頁伺服器去取得網頁的最近內容。按照預設，Squid 會在暫存區中保留網站副本一段時間，直到它認定暫存的內容已經「過了保鮮期」，不論內容是否曾有過異動，它都會去取得最新版的網頁內容。這樣一來便能減輕網路負荷，以及需要載入常用網站所需的時間，同時還能節省整體頻寬用量，讓大家都擁有較佳的上網體驗。

proxy 還能減少外漏給網頁伺服器的個人識別資訊（*personally identifiable information*，*PII*）份量。PII 泛指任何可以識別特定個人（譬如你自己）的資料或訊息。譬如說，proxy 可以對網頁伺服器把自己偽裝成任何一種網頁瀏覽器。你也許使用的是 Google 的 Chrome，但 proxy 卻可以改向伺服器呈現為 Firefox。proxy 若位於與你所在地不同之處（譬如雲端），它也可以採用不同的公開 IP 位址，藉此隱藏你的實際公開 IP 位址，以及你的實際所在地點和所使用的網際網路服務供應商等資訊。

即使和小型網路管理人沒有直接關聯，你仍可能會有興趣知道，大型機構常會利用 proxy（也包括 Squid）來獲得上述的好處，以及交付影音串流之類的內容。像是 Netflix 和 YouTube 之類的內容提供廠商，都會有計畫地在全球各地部署 proxy 伺服器，以便在當地保存和提供內容副本。這個實情可以讓服務的使用者能從離自己較近的來源取得內容，而不必讓所有使用者都老遠地從單一位置取得內容，這樣既缺乏效率、又可能造成效能低落。

#21：設定 Squid

Squid 網頁代理伺服器具備以上提及的所有優點：它可以降低頻寬用量、讓使用者上網瀏覽更為便捷。只要設定正確，它還能隱匿你的個資；像是你的網頁請求來自何處、或是你使用何種網頁瀏覽器之類，這些資訊都可以在相關流量送往網際網路前先提取出來、或是加以變造。許多企業級的裝置也都採用 Squid。雖說你還有許多其他的 proxy 解決方案可以運用，像是 NGINX、Apache Traffic Server、或是 Forcepoint 等等，但 Squid 卻是免費而且開放原始碼的，因此它提供的底層組態和相關資料，也許比商務解決方案更豐富。

要使用 Squid 來保護和強化你的網路，有豐富的線上資訊可供參酌。如果想深入研究 Squid proxy 組態，可以參照位於 *https://wiki.squid-cache.org/SquidFaq/* 的 Squid wiki。

這個 project 會涵蓋 Squid 的初步安裝和設定，同時會為你網路上的用戶端設定使用 proxy，並在設定完後測試 proxy，並進行後續的步驟，以 proxy 允許或是拒絕對特定網際網路資源的存取。

設定 Squid

請先按照第一章中的步驟再建立一套基本的 Ubuntu 伺服器。如果你想隱匿自己所在位置、或是偏好不想提供自己的網際網路服務供應商資訊（除了防止中介資料被記錄以外），請在雲端挑選一個跟你所在地不同的國家來建置 proxy 伺服器。不然就把 proxy 伺服器放在自己的網路內亦無妨。別忘記把新建的伺服器添加到先前建立的網路架構圖和資產清單當中。一旦完成建置，請以 SSH 和標準的非 root 使用者登入伺服器。安裝 proxy 的命令如下：

```
$ sudo apt install squid
```

應該要不了一分鐘就可以裝好。按照預設，你可以在 */etc/squid/squid.conf* 看到組態檔案，其日誌檔則位於 */var/log/squid/*，而暫存資料（暫存的網站資訊）則位於 */var/spool/squid/*。

請以文字編輯器打開 *squid.conf* 組態檔案，先熟悉設定內容：

```
$ sudo nano /etc/squid/squid.conf
```

Squid 裡的設定項目繁多，因此很容易便迷失其中。不過請注意，許多設定都並未啟用，因為它們預設就都被註銷了。我們先專注在其他設定上。等到你的 proxy 已經如你預期般運作時，再繼續探索其他不同之處。

按下 CTRL-W 進行搜尋；然後鍵入搜尋的字樣、並按下 ENTER 找出標有 Recommended minimum configuration 的段落：

```
--snip--
# Recommended minimum configuration:
#
# Example rule allowing access from your local networks.
# Adapt to list your (internal) IP networks from where browsing
# should be allowed
acl localnet src 0.0.0.1-0.255.255.255  # RFC 1122 "this" network (LAN)
acl localnet src 10.0.0.0/8             # RFC 1918 local private network (LAN)
--snip--
```

這個段落詳盡說明了存取控制清單（*access controls lists*，*ACL*），它會指示 Squid 哪些端點有權透過這台 proxy 伺服器存取網際網路資源。一個 ACL 其實就是由通訊埠、位址或資源構成的清單，其內容便是你特別指定允許或禁止在網路中進行的通訊。

一個 ACL 由數種元素構成。首先是一個獨特名稱，像是 localnet，它是用來識別特定 ACL 的。每一個具名的 ACL 都會包含一個 ACL 類型（譬如 src），隨後是單獨一個值或是一連串的值構成的清單，像是 IP 位址或通訊埠號。這些值可以分布在數行當中，而 Squid 會自行加以組合。

像是 src 這樣的關鍵字，會向 Squid 指出流量進行的方向；以 src 10.0.0.0/8 為例，便是代表任何來自 IP 範圍 *10.0.0.0/8* 以內位址、並流向任何 IP 位址的流量。

請把不適用於你網路的各行註銷掉。譬如說，如果你的內部 IP 位址採用 *10.x.x.x* 的格式，就讓相關指示保持原狀，並到其他以 acl localnet src 開頭的各行，都在最前面加上一個 # 字元以便註銷：

```
--snip--
#acl localnet src 0.0.0.1-0.255.255.255  # RFC 1122 "this" network (LAN)
acl localnet src 10.0.0.0/8              # RFC 1918 local private network (LAN)
#acl localnet src 100.64.0.0/10          # RFC 6598 shared address space (CGN)
#acl localnet src 169.254.0.0/16         # RFC 3927 link-local machines
#acl localnet src 172.16.0.0/12          # RFC 1918 local private network (LAN)
#acl localnet src 192.168.0.0/16         # RFC 1918 local private network (LAN)
#acl localnet src fc00::/7               # RFC 4193 local private network range
#acl localnet src fe80::/10              # RFC 4291 link-local machines
--snip--
```

第二個建議的起碼組態部分，會告訴 Squid 哪些通訊埠可以收發流量：

```
--snip--
acl SSL_ports port 443
acl Safe_ports port 80           # http
acl Safe_ports port 21           # ftp
acl Safe_ports port 443          # https
#acl Safe_ports port 70          # gopher
#acl Safe_ports port 210         # wais
acl Safe_ports port 1025-65535   # unregistered ports
#acl Safe_ports port 280         # http-mgmt
--snip--
```

這裡的 SSL_ports 和 Safe_ports 都屬於 ACL 名稱，而 port 代表的類型會讓 Squid 將後續的數值解譯為通訊埠號，並視為特定服務通訊所需（參閱第一章）。acl SSL_ports port 443 這一行的意思就是，它指定了你的 proxy 應該用在安全及篩選通道上的通訊埠，例如 HTTPS 流量。含有標籤 Safe_ports 的指示則會決定 Squid 允許連線的通訊埠。如果你不需要特定的協定或通訊埠，就請將這幾行註銷，以便縮小受攻擊面。為求謹慎起見，你可以只保持 80 和 443 號埠開啟，並註銷 acl Safe_ports port 1025-65535 這一行，這樣一來便會擋掉從 1025 直到 65535 的所有通訊埠。但是此舉會造成部分應用程式或服務無法運作，因為它們也許會用到額外的通訊埠。你可以查詢 Google、以及特定應用程式的說明網站或文件，以便決定還有哪些通訊埠要開放，才能確保運作無誤。

再繼續往下鑽研組態檔，你會看到幾個引用以上 ACL 的指示：

```
--snip--
# Recommended minimum Access Permission configuration:
#
# Deny requests to certain unsafe ports
http_access deny !Safe_ports

# Deny CONNECT to other than secure SSL ports
http_access deny CONNECT !SSL_ports
--snip--
```

http_access deny !Safe_ports 指示會讓 Squid 禁止其他所有通訊埠之間的通訊，而只開放 Safe_ports 清單中所列的通訊埠。同理，http_access deny CONNECT !SSL_ports 這一行也會告訴 Squid，禁止在 SSL_ports 清單所列以外的任何通訊埠上建立篩選通道。

組態檔的下一個段落則是跟你的本地網路有關，而非網際網路：

```
--snip--
# Example rule allowing access from your local networks.
# Adapt localnet in the ACL section to list your (internal) IP networks
# from where browsing should be allowed
#http_access allow localnet
http_access allow localhost

# And finally deny all other access to this proxy
http_access deny all
--snip--
```

請把 # 從 http_access allow localnet 指示中移除，以便啟用你剛剛指定過的 localnet 設定，這會讓你本地網路中的端點得以透過 proxy 存取網際網路。最後，http_access deny all 會確保 proxy 拒絕其他所有流量，令其無法影響你的內部網路。像這樣拒絕一切其他並未明確允許的流量，就能保護你的網路，不受意料外的流量干擾，因為其中可能含有惡意軟體。

如果你想改掉 Squid 收聽請求的通訊埠，請修改組態檔中以下這一行：

```
--snip--
# Squid normally listens to port 3128
http_port 3128
--snip--
```

你的裝置會透過這個通訊埠連上 proxy 伺服器，以便發送請求、接收流量、以及瀏覽網際網路。

一旦你編輯完畢，請儲存並關閉組態檔案。用下列命令重新載入更新過的 Squid 組態檔，讓更新的部分生效（注意，重新載入的動作會打斷任何已開啟的連線）：

```
$ sudo systemctl reload squid
```

現在你可以用以下命令來檢查 Squid 是否已成功啟動及執行中：

```
$ sudo systemctl status squid
  squid.service - Squid Web Proxy Server
    Loaded: loaded (/lib/systemd/system/squid.service; enabled; vendor preset: enabled)
    Active: active (running); 2min 5s ago
--snip--
```

位於 squid.service 前面的綠點、以及 active (running) 的狀態文字,都代表 Squid
已如預期般運作。如果 Squid 因為錯誤沒有正確地啟動,你就會看到故障訊息,
squid.service 前面也會變成紅點:

```
$ sudo systemctl status squid
  squid.service - Squid Web Proxy Server
    Loaded: loaded (/lib/systemd/system/squid.service; enabled; vendor preset: enabled)
    Active: failed (Result: exit-code); 2min 5s ago
--snip--
```

請回到前面再次檢查組態,或是用以下命令驗證組態檔案:

```
$ squid -k parse
2024/05/06 00:44:06| Processing: acl denylist dstdomain .twitter.com
2024/05/06 00:44:06| Processing: http_deny denylist
2024/05/06 00:44:06| /etc/squid/squid.conf:1406 unrecognized: 'http_deny'
2024/05/06 00:44:06| Processing: anonymize_headers deny From Referer Server
2024/05/06 00:44:06| /etc/squid/squid.conf:1408 unrecognized: 'anonymize_headers'
2024/05/06 00:44:06| Processing: anonymize_headers deny User-Agent WWW-Authenticate
2024/05/06 00:44:06| /etc/squid/squid.conf:1409 unrecognized: 'anonymize_headers'
2024/05/06 00:44:06| Processing: http_access allow localnet
--snip--
```

如果你在 http_deny 和 anonymize_headers 等指示中放了無法辨別的內容,就會顯
示像上面的輸出。一旦你解決了組態中的錯誤,請再次以 start 命令去啟動
Squid:

```
$ sudo systemctl start squid
```

現在你已完成基本的 Squid proxy 設定了。

設定裝置以便使用 Squid

接下來就該在每一台會用到 proxy 的裝置上設定相關連線內容了。我們會一一說
明如何在 Windows、macOS 和 Linux 的裝置上進行。

Windows

1. 在你的 Windows 主機上,打開 **Windows Settings** 對話視窗。
2. 在 Find a Setting 欄位中搜尋 *Proxy Settings*。
3. 在 Proxy 視窗中開啟 **Use a Proxy Server**。
4. 輸入你的 proxy 伺服器的 IP 位址與通訊埠——譬如 *192.168.1.50:3128*。
5. 切記要勾選 **Don't Use the Proxy Server for Local (Intranet) Addresses** 這個
    選項。

macOS

1. 打開 **System Preferences**。

2. 選擇 **Network** 並選出你的無線或乙太網路卡。

3. 點選 **Advanced ▶ Proxies**。

4. 勾選 **Web Proxy (HTTP)**。輸入你的 proxy 伺服器的 IP 位址與通訊埠號——例如 *192.168.1.50:3128*。請為每一個列出的協定都這樣做，憶及先前在 */etc/squid/squid.conf* 檔案中指定過要放行的協定。

5. 在 Bypass Proxy Settings for these Hosts & Domains 欄位中填入你的本地網路。

6. 點選 **OK** 然後按下 **Apply**。

Linux

1. 在你的 Linux 端點上，打開 **Settings** 對話盒。

2. 進入 **Network ▶ Network Proxy** 設定。

3. 將 proxy 設為 **Manual**，並輸入 HTTP Proxy IP address 和 port number——譬如 *192.168.1.50:3128*。

4. 切記要在 Ignore Hosts 框中輸入你的本地網路，然後關閉任何已開啟的設定視窗。

測試 Squid

一旦 Squid 伺服器和至少一部裝置已經設定完畢，就該來確認該裝置是否真的有在使用 proxy、以及 proxy 是否如預期般運作了。在 Squid 伺服器這一端，請以下列命令檢視 Squid proxy 的日誌檔內容：

```
$ sudo tail -f /var/log/squid/access.log
--snip--
1619747519.519     54 172.16.90.1 TCP_TUNNEL/200 39 CONNECT play.google.com:443
   - HIER_DIRECT/172.217.25.174 -
1619747519.755     54 172.16.90.1 TCP_TUNNEL/200 39 CONNECT mail.google.com:443
   - HIER_DIRECT/216.58.200.101 -
1619747519.776     55 172.16.90.1 TCP_TUNNEL/200 39 CONNECT mail.google.com:443
   - HIER_DIRECT/216.58.200.101 -
1619747520.190    161 172.16.90.1 TCP_MISS/200 985 GET
--snip--
```

你自己看到的輸出也許會略有不同，自然是因為你在網路上操作的應用程式不一樣的緣故。

如果你沒看到任何輸出（而且你的主機也無法瀏覽網際網路），請記得按照第三章所述步驟，更新你的 iptables 或任何防火牆規則，讓流量可以進出 Squid proxy 的 3128 號埠（或是任何你設定 Squid 傾聽的通訊埠）。

如果你從一部已設定使用 proxy 伺服器的主機去瀏覽臉書，而且當下 tail 命令還在執行當中，應該就會看到自己的連線請求出現在日誌中，就像下列的多筆 Facebook 服務請求：

```
--snip--
1584414232.470     3 192.168.1.51 NONE/503 0 CONNECT pixel.facebook.com:443 - HIER_NONE/- -
1584414237.647     0 192.168.1.51 NONE/503 0 CONNECT pixel.facebook.com:443 - HIER_NONE/- -
1584414242.652     0 192.168.1.51 NONE/503 0 CONNECT pixel.facebook.com:443 - HIER_NONE/- -
1584414247.864 69023 192.168.1.51 TCP_TUNNEL/200 6426 CONNECT static.xx.fbcdn.net:443 -
    HIER_DIRECT/157.240.8.23 -
1584414248.566     0 192.168.1.51 NONE/503 0 CONNECT pixel.facebook.com:443 - HIER_NONE/- -
1584414254.535     0 192.168.1.51 NONE/503 0 CONNECT pixel.facebook.com:443 - HIER_NONE/- -
--snip--
```

如果沒出現，請嘗試重啟 proxy 伺服器、你的主機，或兩者兼行。

阻擋或允許網域

現在你的 proxy 能運作了，也許你會想要阻擋（透過 denylist）或允許（透過 allowlist）操作特定網域。譬如說，如果家中有小孩，也許你會想把容易令他們分心或是內容不宜的網站先過濾掉。要做到這一點，請用文字編輯器打開 *squid.conf*：

```
$ sudo nano /etc/squid/squid.conf
```

現在請找出帶有 INSERT YOUR OWN RULE(S) HERE 註解字樣的段落。在這個段落中，你可以自行定義規則（一樣是 ACL）。如前所述，ACL 的組成包含了 ACL 的名稱、ACL 的類型是 allow 或是 deny、以及一系列的元素清單，像是 IP 位址及網域等等。你的組態中會含有一個以上這樣的規則，其中規定了何者可以或不能通過 proxy。（先前你已啟動了若干規則，像是 http_access allow localnet 和 http_access deny !Safe_ports，它們引用的 ACL 都位在 recommended minimum configuration 這個段落中。）

譬如說，假設你要把 Facebook 納入 denylist，就在 include 指示後面加上以下這幾行：

```
--snip--
include /etc/squid/conf.d/*
acl denylist dstdomain .facebook.com
http_access deny CONNECT denylist
--snip--
```

以上開頭一行的 acl 指示會讓 Squid 將隨後的項目清單視為要允許或拒絕的對象。緊接著的 denylist 便是此一清單獨有的名稱；名稱你可以自訂，只要名稱只包含字母跟數字即可。dstdomain 指示則是指出隨後的內容是目的地網域的清單。網域開頭的句點字元，等於告訴 Squid 要拒絕的是整個網域，包括子網域在內。譬如說，*www.facebook.com* 是頂層網域名稱，但其中可能還會含有子網域，像是 *campus.facebook.com* 或是 *hertz.facebook.com* 之類。如果你沒加上開頭的句點，Squid 便只會擋下上層網域（parent domain，*facebook.com*）。最後的 http_access 指示，搭配了 deny 和 CONNECT 參數，則會讓 proxy 禁止連線到 denylist 這個 ACL 中所列的網域或 URL。

請儲存組態檔，再重新載入 Squid，讓變更內容生效：

```
$ sudo systemctl reload squid
```

現在請試著從一台已設定使用 proxy 伺服器的主機去瀏覽 *www.facebook.com*。你應該會看到像圖 6-1 顯示的錯誤頁面。

This site can't be reached

The web page at **https://www.facebook.com/** might be temporarily down or it may have moved permanently to a new web address.

ERR_TUNNEL_CONNECTION_FAILED

圖 6-1：Squid 引起的網頁瀏覽器錯誤

如欲再度開放瀏覽 Facebook，請把剛剛加入組態的那幾行刪除或註銷，再度儲存組態檔案和重新載入 Squid。

你可以對其他網域重複以上過程，只需將其納入同一個 denylist 的 ACL 就好：

```
acl denylist dstdomain .facebook.com .twitter.com .linkedin.com
```

抑或是你可以為每個網站、或是針對特定種類的網站另建其他專屬的 ACL。

允許存取的動作也相去不遠；任何網域只需加入 allowlist，便會被允許使用，但僅限於已向 proxy 認證的使用者：

```
--snip--
include /etc/squid/conf.d/*

acl allowlist dstdomain .facebook.com .twitter.com .linkedin.com
http_access allow CONNECT allowlist
--snip--
```

如果你加入了新的 ACL 規則，請留意它們在組態檔中的彼此相對位置。Squid 解譯 ACL 規則時，是依照出現的順序為之，這一點很像防火牆。如果在 ACL 規則清單的開頭部分便存在 deny all 規則，Squid 便會先解譯這條規則，於是忽略檔案中隨後的所有規則。亦即你應當把任何自訂規則放在以下這幾行之前：

```
--snip--
# And finally deny all other access to this proxy
http_access deny all
--snip--
```

用 Squid 來護衛個資

Squid 的設定非常彈性化，身為管理員的你甚至可以設定，有多少關於你的使用者和其裝置的資訊可以提供給網際網路。按照預設，從用戶端裝置經過 proxy 到網際網路的流量，是完全透明且未經匿名處理的。

為了防止外界任何人得知你的流量來處（亦即伺服器資訊或是你可能被參照的網站或資源，像是 Amazon 或某個部落格），請加上 request_header_access 指示以便拒絕這類資訊：

```
--snip--
include /etc/squid/conf.d/*

request_header_access From deny all
request_header_access Referer deny all
request_header_access Server deny all
--snip--
```

為進一步讓流量匿名化，最好是把 User-Agent、WWW-Authenticate 和 Link 等標頭值都予以拒絕處理，因為它們都可能會洩漏和你的瀏覽器及瀏覽動作相關的額外資訊：

```
--snip--
include /etc/squid/conf.d/*

request_header_access From deny all
request_header_access Referer deny all
request_header_access Server deny all
request_header_access User-Agent deny all
request_header_access WWW-Authenticate deny all
request_header_access Link deny all
--snip--
```

以上選項將流量匿名化，會限制流向網際網路的 PII 資訊量，讓外界更難以追蹤你，同時在某種程度上防護你的瀏覽紀錄和習慣。

NOTE 有些網站和服務會利用 user agents 來偵測如何向使用者呈現其內容，因此移除標頭資訊時請留意，你可能會看到不一樣的內容。

停用特定網站的內容暫存功能

也許有些網站是你不想讓 Squid 暫存其內容的，因為你希望能隨時取得網頁伺服器上最新近的內容，而不是只能看到 proxy 上暫存的版本。這時只需拒絕特定網站的暫存動作即可：

```
--snip--
include /etc/squid/conf.d/*

acl deny_cache dstdomain .facebook.com
no_cache deny deny_cache
--snip--
```

記住，每一個你不想讓 Squid 暫存其內容的網站，你都得為它們一一加上個別的 ACL 項目。

Squid Proxy 的報表

你應該已經注意到，Squid 的日誌很難判讀，得花一點時間才能習慣其形式。坊間有一些第三方解決方案，能夠主動地製作日誌報表，讓檢視日誌簡單許多。其中一個相對簡單的解決方案，就是 *Squid Analysis Report Generator*（*SARG*）。SARG 是一個網頁形式的報表產生器和檢視工具，你可以藉其在瀏覽器視窗中審視 Squid 日誌，而不必痛苦地在終端機的一片字海中掙扎。

請在你的 Squid 伺服器上安裝 SARG：

```
$ sudo apt install sarg
```

SARG 報表檔案皆可以從瀏覽器存取，因此你需要另外安裝一套網頁伺服器。請安裝 Apache：

```
$ sudo apt install apache2
```

接著打開 SARG 的組態檔案，它應該會位在 */etc/sarg/sarg.conf* 底下：

```
$ sudo nano /etc/sarg/sarg.conf
```

請找出開頭是 access_log 的那一行，它指定的是 Squid 的存取日誌所在位置：

```
--snip--
access_log /var/log/squid/access.log
--snip--
```

然後關閉檔案，並利用 find 命令確認日誌檔案確實符合設定：

```
$ sudo find / -name access.log
/var/log/squid/access.log
```

以文字編輯器打開檔案，再找出輸出目錄標籤所在處（該行開頭會有 output_dir 字樣），將含有 /var/lib/sarg 的那一行註銷，換成另一行將目錄指向 Apache 的網頁位置 */var/www/html/squid-reports/*：

```
--snip--
#output_dir /var/lib/sarg
output_dir /var/www/html/squid-reports/
--snip--
```

儲存並關閉檔案。如果你還有興趣深究，儘管繼續瀏覽其他設定。

要產生 SARG 報表，請在 Squid 伺服器上執行以下命令：

```
$ sudo sarg -x
```

以網頁瀏覽器瀏覽 proxy 伺服器上的報表所在位置：*http://<proxy_ip_address>/squid-reports*。你應該會看到一個很陽春的網站，如圖 6-2 所示。

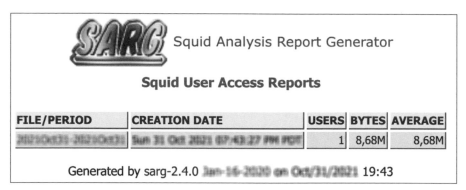

圖 6-2：SARG 報表摘要

請點選頁面上顯示的對應報表，你應該就會看到每個使用者經由 proxy 連線的相關資訊、每筆連線傳送了多少資料、連線持續了多久、以及連線建立時的時間戳記等等，如圖 6-3 所示。

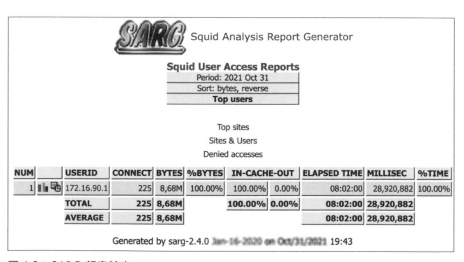

圖 6-3：SARG 報表輸出

報表顯示了曾使用 proxy 的使用者或主機；以及它們收發流量的程度（以 bytes 呈現）；還有其他各式各樣關於 proxy 運用的有用資訊。其中還有若干連結，其中包含的是子報表（subreports），像是 proxy 最常接觸的網站；或是特定網站和使用者的報表，其中列出了曾存取的網站、及涉及存取的使用者或主機清單；還有 proxy 依照你的規則及組態拒絕執行的暫存動作及網站存取等等。

試著讓你的新 proxy 伺服器跑上幾週，看看它是否對你的頻寬用量及瀏覽速度有所助益。一旦你適應了它的作用，就可以進一步研究和實驗 proxy 的進階功能，像是防止使用者下載大型檔案（如果你的網際網路服務廠商有資料量上限、或是會按照使用頻寬收費，這　點就很有用）。

總結

採用像是 Squid 這樣的 proxy 伺服器，讓你可以鉅細靡遺地控制進出網路的內容。你可以控制端點所提供的 PII，像是你正使用的網頁瀏覽器種類，藉此改善你的網路線上隱私。一套 proxy 伺服器也有助於改善整體瀏覽體驗。

7

阻擋網際網路廣告

公司行號透過廣告在網際網路上營利，這導致
線上廣告的數量增長（說精確點，是爆炸性地激
增）。 這些廣告隨著時間推移變得愈發惡質，因為
網站會追蹤你的活動，並據以顯示最可能促成購買效
果的促銷內容。更糟糕的是，廣告會拖累網際網路連線，而網站內容
則因為自動播放廣告而變得擁擠不堪。

你有好幾種方式可以從網路端擋下廣告。本章首先會探討幾種瀏覽器的廣告阻
擋解決方案。然後我們會使用 Pi-Hole 來建置一套可以擋下廣告的 DNS proxy 伺
服器，讓使用者可以享有更優質的瀏覽體驗，同時改善資料及隱私的防護。

瀏覽器層級的廣告阻擋

近代大多數的瀏覽器都內建了某種形式的廣告阻擋技術。依照預設，有些瀏覽器會設法讓各種追蹤及命令稿無法依其設計運作。其中包括了社群媒體的追蹤工具、cookies、fingerprinters、以及加密採礦（cryptominers）。阻擋社群媒體追蹤工具會讓臉書、推特及 LinkedIn 等網站無法在你瀏覽那些已啟用社群媒體按鍵或即時分享連結的網站時，追蹤你的動作。cookies 則是一種檔案，網站用它來追蹤你每次造訪時的資訊及使用偏好；這可能會導致隱私資訊從一個網站外流到另一個網站。fingerprinters 也很相似，它會統計使用者瀏覽習慣的幾種相關指數，藉以辨識特定使用者，於是廣告業主便可依此追蹤你在瀏覽時的動作。最後一種 cryptominers 則屬於某種應用程式（有些人會說這根本是惡意軟體），它利用你的電腦硬體來進行加密貨幣的採礦運算，例如比特幣。這是一種十分消耗資源的程序，會造成系統極度不穩定。所有這些內容都會對你的瀏覽體驗有不利的影響，因此理應加以阻擋。

除了部分網頁瀏覽器內建的功能以外，有些廣受歡迎的瀏覽器廣告阻擋工具是以外掛程式（browser extensions）的形式存在——這是一種你可以放到瀏覽器裡以便改進其功能或提升其能力的軟體。譬如說，Adblock Plus——大多數瀏覽器都可以安裝——就會在對使用者播放廣告前加以攔截，但廣告仍會先下載到你的電腦。

許多網站都有辦法辨識瀏覽器外掛程式的存在，並據以修改自己的內容，或是完全不讓使用者閱覽網頁，直到相關外掛程式被停用、或是該網站被列入許可播放名單為止。第十一章會進一步探討瀏覽器外掛程式。以下的 projects 會涵蓋如何設定瀏覽器的廣告阻擋方式，包括 Google Chrome、Mozilla Firefox 和 Brave 等瀏覽器。

#22：在 Google Chrome 中阻擋廣告

Chrome 的 ad blocker（https://www.google.com/chrome/）是設計用來隱藏網站內廣告的，這類網站通常包含了過多的廣告、或是其廣告會導致使用者無法專心觀看原有內容，像是會閃爍或發出聲音等等。至於那些將內容藏在付費模式後的網站廣告，Chrome 也會一併擋下，因為這等網站會把內容完全藏起來，直到使用者允許播放廣告、或是付費觀看其內容為止。不只電腦版的 Chrome 做得到這一點、Android 版本的 Chrome 也可以。你可以決定是要啟用或停用內建的 ad 阻擋工具，或是以白名單來決定哪些網站可以播放廣告：

1. 在 Chrome 瀏覽器右上角，點選 **More** 圖示（三個點）。

2. 點選 **Settings ▸ Advanced ▸ Site Settings ▸ Ads**。

3. 如果顯示了「Blocked on sites that tend to show intrusive ads (recommended)」的字樣，就代表 Chrome 已經在為你阻擋廣告了。^{譯註 8}

4. 如果你想關掉 ad blocking，請將設定切換成 **Allowed**。

另一種保護自己線上隱私的方式是改用隱密（private）瀏覽視窗。Chrome 的 *incognito mode* 不會儲存你的個資、當你關閉瀏覽器時也會將其立即刪除（包括 cookies 之類的追蹤資訊）。你的瀏覽及網際網路搜尋紀錄都不會留下。若要開啟 incognito 視窗，請這樣做：

5. 同樣在 Chrome 瀏覽器右上角點選 **More** 圖示（三個點）。

6. 點選 **New Private Window**。

這時會另外開啟一個外觀與正常 Chrome 視窗全然不同的瀏覽器視窗——其中會有「You've gone Incognito」的字樣。這樣你就知道自己已改用隱私模式瀏覽了。

#23：在 Mozilla Firefox 中阻擋廣告

Firefox 的 *Private* browsing（*https://www.mozilla.org/*）視窗不但會阻擋廣告，也會阻止追蹤內容，包括網頁播放的影片及其他媒體。要開啟新的 Private window，請這樣做：

1. 在 Firefox 瀏覽器右上角，點選 **More** 圖示（三條橫線）。

2. 點選 **New Private Window**。

你可以更改 Firefox 的預設行為，以便在所有的 Firefox 視窗中停用內容追蹤，這樣便不必使用 Private windows。修改設定的步驟是這樣的：

1. 在 Firefox 瀏覽器右上角，點選 **More**。

2. 點選 **Preferences ▸ Privacy & Security**。

譯註 8　以譯者自身的 Chrome 113.0.5672.127 版為例，該設定的位置、名稱及文字皆已略有變化；讀者不妨在 setting 頁面的搜尋列鍵入 block 字樣，便會看到在 site setting 底下有相關設定存在，點進去後再展開 additional content settings，便會看到 intrusive ads 的設定，其中會有 Ads are blocked on sites known to show intrusive or misleading ads 的選項可以啟用，這便是你要的功能。如果你不要這個功能，請點選另一項 Any site you visit can show any ad to you，忽略以下步驟 4。

3. 把進階追蹤防護設定（Enhanced Tracking Protection settings）設為 Standard（這是預設值）、Strict（隱私性更佳，但部分網站顯示會有問題）、或是 Custom。

4. 把瀏覽器的 Cookie 設定改為在離開瀏覽器時會刪除 cookies，做法是勾選 **Delete Cookies and Site Data When Firefox is Closed**。

5. 把 History 下拉式選單改為 **Never Remember History**，讓 Firefox 不要保存你的瀏覽紀錄。

6. 關閉像是 webcam 及麥克風等操作權限，這樣 Firefox 便不能在未經授權的情況下窺視或傾聽。

若要進一步研究如何關閉追蹤、以及其他的安全及隱私設定，請參閱位於 *https://support.mozilla.org/en-US/kb/enhanced-tracking-protection-firefox-desktop/* 的 Mozilla 知識庫。

#24：控制 Brave 的隱私設定

Brave（*https://brave.com/*）是一款相對新穎的網頁瀏覽器，同樣以 Google 的 Chromium 為基礎（因此它具備許多和 Chrome 一樣的功能）；所有與 Chrome 相容的外掛程式也同樣適用於 Brave。與其他瀏覽器相較，Brave 最大的優點便是它一開始就以隱密和無追蹤、無廣告的使用者體驗為訴求。Brave 在瀏覽器中以積極的方式阻擋廣告，它聲稱不僅可以節省你使用網際網路的時間和頻寬，還能降低瀏覽器的耗電量。

Brave 對於安全性及隱私設定提供了更為細緻的控制，同時其設定方式也比其他瀏覽器大幅簡化：

1. 在 Brave 瀏覽器右上角，點選 **More** 圖示（三條橫線）。

2. 點選 **Settings ▶ Shields**。

3. 把 Trackers & Ads Blocking 設為 Standard 或 Aggressive。

4. 打開 **Upgrade Connections to HTTPS**。

5. 將 Cookie Blocking 設為 Only Cross-site 或是 All（你的瀏覽器一旦關閉便不會記得會談中任何資訊）。

6. 將 Fingerprinting blocking 設為 Standard 或是 Strict（可能導致部分網站顯示問題）。

請實驗以上設定，以及社群媒體阻擋設定，直到找出適合你的組合為止。

#25：用 Pi-Hole 來阻擋廣告

以瀏覽器外掛程式或內建工具來阻擋廣告，在改善網際網路瀏覽體驗方面是不錯的起點。不過這些選項只能套用到單一裝置上，而一旦需要管理的裝置為數眾多，負擔便會加重。不僅如此，有的網站還會對抗瀏覽器外掛程式。因此在 DNS 的層級來阻擋廣告，會有助於改善以上情況。

網域命名系統（*Domain Name System*，*DNS*）讓你的電腦（或瀏覽器）得以與網際網路上的網站進行溝通。所有的網站都分配有 IP 位址（有時還不只一組）。與 IP 位址相比，自然還是用來存取網站的 URL 網址（譬如 *www.facebook.com*）更容易讓人記住。你的電腦會自己把 URL 轉譯成 IP 位址，以便找到網際網路上提供 Facebook 內容的網頁伺服器——透過 DNS 做到這一點。DNS 就像郵政服務，其中的 IP 位址便等同於實體地理地址，而網址 URL 就像街道名稱。你可以透過 DNS 收發特定位址（或伺服器）的網際網路流量，毋須記憶伺服器的完整位址（IP）。

基於廣告網域也一樣要靠 DNS 來提供廣告內容，我們不妨來建置一套 *Pi-Hole* 伺服器，將對於廣告網址的請求送往黑洞，改善使用者的上網體驗。Pi-Hole 跟第六章探討的 Squid proxy 有異曲同工之妙；它也一樣位於你和瀏覽網站之間，並隨時關注所有的網際網路流量，同時參照已知廣告網域及位址的清單，在 DNS 層級辨識廣告來源，藉此只允許合法的非廣告流量通過瀏覽器。Pi-Hole 有辦法比瀏覽器解決方案擋下更多的廣告，而網站也更難偵測和規避這種做法。

請依第一章所述，在你的本地網路再設置一套 Ubuntu 伺服器，並將其列入網路架構圖及資產清單。當然要架設在雲端也無妨，只不過讓一套 DNS 伺服器暴露在開放的網際網路上，會導致一些技術上的難處，而本章不會提及這些難處。當然這些難處是有辦法控制和克服的，因此你若是選擇在雲端運作，請事先做好如何因應風險的功課，並小心地進行設置。如果你已按照第三章所述設置了邊境防火牆，並以虛擬機器設置 Pi-Hole 伺服器，則這套伺服器必須位於防火牆後方（亦即防火牆的內網這一側，而非網際網路那一側）。

你可以同時搭配使用 Pi-Hole 和 Squid（後者已於第六章介紹過），讓 Pi-Hole 去處理 DNS 請求、而由 Squid 來處理 HTTP 流量。然而按照預設，Squid 內建自己的 DNS 用戶端——如果不重新建置 Squid 便無法更動這一點，這不在本書探討範圍之內。要是你選擇同時運作 Squid 和 Pi-Hole，可以按照指示，在你的端點上分別為這兩個解決方案做設定，也能達到一樣的作用。

設定 Pi-Hole

先按照第一章所述，再建立一台基本的 Ubuntu 伺服器。接著依照以下步驟安裝 Pi-Hole 伺服器：

1. 以標準的非 root 使用者從 SSH 登入你的 Ubuntu 伺服器。然後從 *https:// install.pi-hole.net/* 下載 Pi-Hole 的安裝命令稿，修改成可執行檔，再用 sudo 執行它：

```
$ ssh user@your_server_ip
$ wget -O basic-install.sh https://install.pi-hole.net
$ chmod +x basic-install.sh
$ sudo ./basic-install.sh
```

2. 自動化安裝工具會自此接手終端機視窗。請詳讀陸續出現的畫面資訊，並按下 ENTER 前往下一個畫面。

3. 當你如圖 7-1 所示一般收到提示要挑選上游 DNS 伺服器時，請挑選任意一個上游（權威的）DNS 供應方。Google 或 Quad9 都不錯。

NOTE 請用方向鍵或 TAB 按鍵瀏覽各個選項，用空白鍵挑選你的選項，再以 ENTER 鍵完成設定。

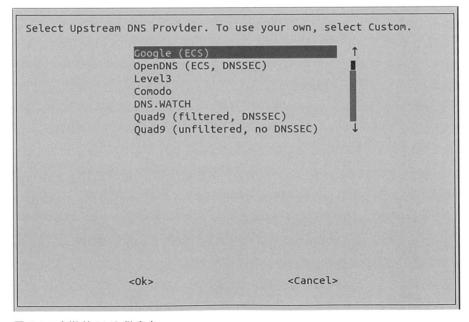

圖 7-1：上游的 DNS 供應方

要進行 DNS 查詢，你的 Pi-Hole 伺服器在解析 proxy 尚未納入暫存的網域時，會需要向權威 DNS 伺服器查詢。所謂權威的（*authoritative*）DNS 伺服器，指的是實際持有特定網域（譬如 *www.google.com*）或位址之 DNS 紀錄的名稱伺服器。相較之下，你的伺服器就只是做遞迴式查詢（*recursive*），相當於位在你的主機和一部以上的權威 DNS 伺服器之間，有一個中介者存在。當你請求某網站內容時，你的裝置會把這個請求傳給 Pi-Hole 伺服器，後者會再把這個請求發給某部權威伺服器，找出你想觀看的網站位址。

4. 當收到提示時，請挑選可用阻擋清單。

   Pi-Hole 利用阻擋清單（一個由第二方精選維護的廣告網域清單）來辨別和攔截網際網路上的廣告。你事後還可以更改挑選的清單。

5. 如果你的網路採用 IPv6，請在協定畫面的 IPv4 以外再選擇 IPv6。

   在多數情況下都用不到 IPv6。IPv6 可以為端點提供網際網路的 IP 定址空間，但目前這種情況下用不到。最好還是關閉 IPv6，以便縮減受攻擊面，除非你真的有合理的用途。

6. 隨後的畫面指出了你的伺服器的靜態 IP 位址和閘道器。如果這個畫面的位址詳情無誤，請按下 ENTER 鍵接受設定。不然的話就按下 **No** 再按 ENTER 鍵；然後請自行設定正確的 IP 細節。

   Pi-Hole 的閘道器應該指向防火牆或路由器。一旦你設定或接受了伺服器上的 IP 設定，自動安裝工具便會示警，提醒你要設定路由器或是 DHCP 伺服器，將這台伺服器的 IP 位址保留起來。如果沒有做到，你的網路就可能會發生位址衝突，但就算你沒有做到，大多數路由器也還是有辦法避免這一點（關於在路由器上設定靜態 IP 位址，請參閱第四章的「靜態 IP 定址」一節）。按下 ENTER 表示你已經理解警訊內容。

7. 選擇 **On** 以便安裝網頁式介面，這會更容易管理伺服器組態（即使是資深管理員亦然），然後按下 ENTER。

8. 選擇 **On** 安裝自動化安裝工具提供的網頁伺服器，除非你要另外安裝其他類型的網頁伺服器（這超過本書範圍）。

9. 選擇 **On** 以便紀錄所有通過 Pi-Hole 伺服器進行的 DNS 查詢。由於 Pi-Hole 也是一種 proxy，它會記錄並暫存所有經過它的網頁請求。這代表任何設定以你的 Pi-Hole 伺服器作為 DNS 服務來源的端點，其瀏覽紀錄都會留在這裡。如果你的使用者對此有疑慮，你就事先徵求許可、或是索性關閉日誌紀錄。你毋須特別紀錄 Pi-Hole 中 ad 阻擋功能的運用，但啟用它仍有助於排除任何潛在問題。

10. 選擇你的網路中需要的隱私程度。

Pi-Hole 採用所謂光速級（*Faster Than Light*，*FTL*）的 DNS，它會統計 Pi-Hole 的動作並以圖形化方式顯示。你可以看到的資訊包括擋下了多少廣告、是替哪些端點擋的、以及阻擋的期間。FTL 會剖析 Pi-Hole 的文字式日誌，以取得前述資料。此一功能和前述的日誌一樣，都並非 Pi-Hole 運作所必備的功能，而且可能帶來使用者隱私方面的疑慮。因此務必事先徵求許可，或是索性將隱私程度訂為 Hide Domains and Clients，如圖 7-2 所示。此舉會讓 FTL 只蒐集不具名的資料，讓統計及繪圖顯示等功能可以繼續運作，但卻保住了使用者隱私。你也可以乾脆關掉上一步的紀錄功能，將統計功能完全關閉。

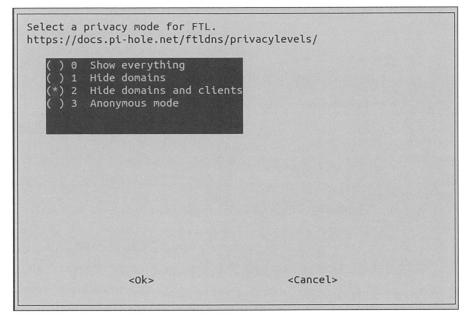

圖 7-2：FTL DNS 設定

11. 一旦完成安裝，你會看到一個組態畫面，以及網頁式介面的 URL 和管理員密碼，如圖 7-3 所示。務必將這些資訊記下來，最好是將其納入 password vault（第十一章會探討），以便保持安全；然後按下 ENTER 回到終端機畫面。

```
┌───────────────────┤ Installation Complete! ├───────────────────┐
│                                                                 │
│  Configure your devices to use the Pi-hole as their DNS server  │
│  using:                                                         │
│                                                                 │
│  IPv4:          172.16.90.11                                    │
│  IPv6:          Not Configured                                  │
│                                                                 │
│  If you set a new IP address, you should restart the Pi.        │
│                                                                 │
│  The install log is in /etc/pihole.                             │
│                                                                 │
│  View the web interface at http://pi.hole/admin or              │
│  http://172.16.90.11/admin                                      │
│                                                                 │
│  Your Admin Webpage login password is rOhpBpI3                  │
│                                                                 │
│                                                                 │
│                                                                 │
│                           <Ok>                                  │
│                                                                 │
└─────────────────────────────────────────────────────────────────┘
```

圖 7-3：Pi-Hole 安裝完畢

你可以用下列命令更改管理員密碼：

```
$ sudo pihole -a -p
```

若要讓 Pi-Hole 隨時保持更新，請定期執行以下命令：

```
$ sudo pihole -up
```

確保 Pi-Hole 及其元件隨時更新，是讓 Pi-Hole 伺服器及你的網路更形安全的關鍵。

運用 Pi-Hole

請瀏覽最後一個設定步驟所顯示的管理員 URL（ *http://<your_server_ip>/admin/* ），你應該會在此看到一個使用者看板。當更新內容出現時，畫面底部會出現提示，如圖 7-4 所示。這時你無法從網頁式介面去更新 Pi-Hole；你只能以先前介紹的命令來進行更新。

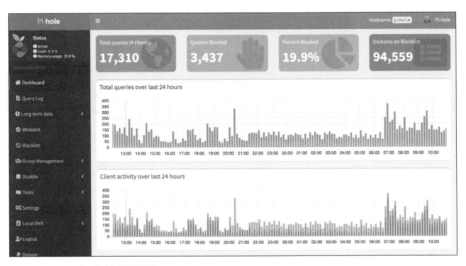

❤ Donate if you found this useful.

Pi-hole v5.2.4 · Update available!   **Web Interface** v5.4 · Update available!
FTL v5.7 · Update available!

圖 7-4：Pi-Hole 需要更新

點選畫面左側的 **Login**，並以管理者帳號密碼認證。看板接著會顯示更多詳情。
登入後你還可以在管理員選單看到其他額外選項，如圖 7-5 所示。

圖 7-5：Pi-Hole 的管理員面板

瀏覽看板裡的重要項目概述如下：

Query Log　這裡列出所有曾通過 Pi-Hole proxy 伺服器的瀏覽器網站請求，
以可搜尋的歷史紀錄形式顯示。

Long-term Data　更廣泛的 proxy 伺服器請求歷史紀錄，你可以按照日期範
圍做篩選。

Whitelist　Pi-Hole 預設會阻擋、但你要放行的網站。

Blacklist　proxy 預設也許不會阻擋、但你想擋下的網域。

NOTE　雖說我們總是採用 allowlist/denylist 這樣的字眼，但 Pi-Hole 在選單和組態中
卻總是會採用 whitelist/blacklist 的字樣。在探討 Pi-Hole 時，我們會沿用後者。^{譯註 9}

譯註 9　美國近年因種族歧視議題而對黑／白名單兩個詞做了修正，改稱拒絕／許可名單，以避免在字
　　　　面上衍生出歧視問題。

Disable　停用 proxy 一段時間。

Tools　用於除錯或更新阻擋清單、以及檢視後端 proxy 日誌時使用。後端日誌會提供關於 Pi-Hole 自身的除錯資訊，與網頁流量無關。

Tools ▸ Network　這會顯示所有連上 Pi-Hole 伺服器的用戶端，以便辨識哪些端點正在使用 proxy、哪些又可能繞過（你的網路架構圖和資產清單這時就很有用了）。

Settings ▸ System　其中包含 Pi-Hole proxy 的設定（包括在安裝時做的設定）；顯示重大資訊；讓你可以停用、重啟、以及關閉伺服器；此外亦可清空（刪除）DNS proxy 的日誌。

Settings ▸ DNS　更改用於解譯網域名稱的權威 DNS 伺服器，也可以更改收發請求及通過 proxy 過濾器的網路介面（雖然預設的介面通常是最安全的）。

Settings ▸ DHCP　必要時允許 Pi-Hole 伺服器擔任 DHCP 伺服器。

Settings ▸ Privacy　在回報查詢時增減隱私程度，你可以選擇將端點與瀏覽動作關聯起來，或是將 proxy 捕捉的資料予以匿名處理。

Settings ▸ Teleporter　從其他伺服器匯入 Pi-Hole 的設定，或匯出供其他伺服器使用。

Logout　登出管理員看板。

探索各個選單和選項，藉以熟悉 Pi-Hole 的設定與組態。你也可以考慮閱讀手冊，以便深入瞭解 Pi-Hole 如何運作、以及它真正的實力。

為你的端點設定 DNS

到此就只剩一件事要做：讓你的用戶端可以把 Pi-Hole 伺服器當成 DNS 伺服器。你需要設定你的 DHCP 伺服器或路由器，藉以將 DNS 設定推送到需要上網的裝置。抑或是在各個端點自己的網路設定中一一設定。如果你只想讓網路上特定的裝置透過 proxy 上網、同時讓其他裝置直接上網，就可以這樣做。雖說讓全部的裝置都經過 Pi-Hole 伺服器，會提供最好的上網體驗，你也能更進一步地掌控網路流量、並及早看出問題。隨著使用者瀏覽的網站越多、伺服器會暫存的內容也越多，這會更進一步讓常用網站的瀏覽更為迅速。

NOTE　你的路由器也有能力指定端點上網時要參照的 DNS 伺服器。以我們示範過的 ASUS 路由器為例，該設定位在 Advanced Settings ▸ LAN ▸ DNS Server 底下。請在 DNS Server1 框中鍵入你的 Pi-Hole 伺服器的 IP 位址，再點選 *Apply* 設定連線用戶端該參照的 DNS 伺服器。

如果你只想讓一部分的端點使用 Pi-Hole 伺服器，那要不就是你用個別用戶端自己的 DNS 設定來指定，抑或是利用 pfSense 防火牆的 DNS 設定（如果你確實已按照第三章所述建置 pfSense 的話）。

Windows 的 DNS 設定

Windows 用戶端的 DNS 設定步驟如下：

1. 打開 **Settings ▸ Network & Internet ▸ Change Adapter Options**。

2. 滑鼠右鍵點選 **Ethernet Adapter**。

3. 點選 **Properties**。

4. 點選 **Internet Protocol Version 4 (TCP/IPv4) ▸ Properties**。

5. 選擇 **Use the Following DNS Server Addresses** 按鍵。

6. 在 Preferred DNS Server 框中輸入你的 Pi-Hole 伺服器的 IP 位址。

7. 點選 **OK** 並關閉其餘視窗。

macOS 的 DNS 設定

Mac 要使用 Pi-Hole 伺服器的 DNS 設定步驟如下：

1. 打開 **System Preferences ▸ Network**。

2. 在左側連線清單中選擇你的網路卡（**Ethernet** 或 **Wi-Fi**）。

3. 點選 **Advanced ▸ DNS**。

4. 把 Pi-Hole 伺服器的 IP 位址添加到左側的 DNS 伺服器清單中。

5. 點選 **OK ▸ Apply**。

Linux 的 DNS 設定

要把 Linux 端點的 DNS 請求都發給 Pi-Hole 伺服器，步驟如下：

1. 打開 **Settings ▸ Network**。

2. 點選 Wired 或 Wireless 連線右方的組態 **Cog**。

3. 選擇 **IPv4** 頁籤。

4. 在 DNS 框中鍵入 Pi-Hole 伺服器的 IP 位址。

5. 點選 **Apply**。

pfSense 的 DNS 設定

你可以利用先前提過的、pfSense 的 static IP addressing settings 來替個別用戶端指定 DNS 設定，或是將 pfSense 裝置指向 Pi-Hole 伺服器來解譯 DNS。若要把所有的 DNS 請求都送到 Pi-Hole 伺服器，請在 **Services ▸ DHCP Server** 頁面的 DNS server 框中輸入 Pi-Hole 的 IP 位址。如果你只想讓特定端點能使用 Pi-Hole 伺服器來解析 DNS，就這樣做：

1. 瀏覽 pfSense 裝置的 **Services ▸ DHCP Server** 頁面。

2. 到位於頁面底部的 DHCP Static Mappings 表中，找出相關端點的 Static Mapping 選項。

3. 點選該端點的 **Edit** 鉛筆圖示。

4. 在 DNS 框中輸入 Pi-Hole 伺服器的 IP 位址。

5. 點選 **Save ▸ Apply Changes**。

一旦你的端點都已用上述步驟設定，就可以用 *https://canyoublockit.com/* 這類的網站來著手測試 ad 阻擋功能了。像這樣的網站可以提供好幾種選項，用來測試你的 ad 阻擋工具，不論工具是瀏覽器形式的、抑或是像 Pi-Hole 這種功能更強的，它的測試方法從簡單的到進階的都有。如果你運行這些測試、然後廣告真的銷聲匿跡，代表你的 ad 阻擋工具確實有效。萬一成效不彰，請回頭審視本章先前的小節，確認設定是否都正確。登入你的 Pi-Hole 伺服器並檢查看板，瞧瞧伺服器是否看見了你的 DNS 請求，進而通過伺服器。

總結

無論你選擇如何使用 Pi-Hole，現在你已有辦法去監控網際網路的使用狀況，而且所有人都應該已享受到更好的網際網路瀏覽體驗。你可以選擇以 Pi-Hole 來搭配在第六章實作的 Squid proxy，或是只單獨使用 Squid 或 Pi-Hole 當中任何一者。無論選擇哪一方，你都會從中體驗到該項技術帶來的好處。抑或是如果你依然偏好以瀏覽器的外掛程式、在瀏覽器層級實施阻擋，自然也可以略過 DNS 層級的廣告阻擋方式；這完全是個人選擇。

8

偵測、移除和防範惡意軟體

病毒、特洛伊木馬和勒索軟體都屬於惡意軟體，對於網際網路使用者而言，它們都是嚴重的威脅，即使在將來也依舊如此。因此用能夠偵測和移除惡意軟體的防毒方案將你自己和使用者武裝起來，就成了一大要事。此外，讓你的端點隨時保持更新狀態，也有助於防範惡意軟體感染網路，有時甚至可以比防毒（antivirus，AV）解決方案提供更有效的防禦。

由於防毒解決方案通常不會跨平台，因此其管理可能相當棘手（亦即某種方案可能僅適用於一種作業系統）。如果你的網路上存在多種作業系統，你就必須為每一種作業系統都找出有效的 AV 產品。雖說本章會探討特定產品的安裝、設定和如何進行掃描，但大多數防毒解決方案中的大部分選項和設定幾乎都大同小異。設定及組態選項的名稱或許略有出入，但同樣的邏輯和程序應該對大部分的產品都通用。

在探討過各種作業系統的防毒解決方案之後，我們會考量惡意軟體特徵及啟發式掃描（heuristic scans）之間的差異，每種手法的優缺點，以及建立病毒培養皿（antivirus farm）藉以在不同端點之間盡量捕捉惡意軟體的概念。最後我們要談談各種作業系統的修補管理，以及如何才能讓端點保持在更新的狀態。

Windows 的 Microsoft Defender

最新一代的內建 Microsoft 防毒解決方案，非 *Microsoft Defender* 莫屬。Defender 會自動地更新病毒定義、並定期掃描各種威脅，因此 Windows 電腦可說是一打開就有良好的防護功能可用。

Defender 的自動掃描屬於**快速掃描**，它只會檢查最常有威脅出沒的資料夾。雖說快速掃描可以提供立即的結果、耗用的系統資源也較少，但它卻不太能夠找出位於其他資料夾的惡意軟體並加以移除。**完整掃描**才會檢查所有檔案和運作中的程式，並徹底地搜查惡意軟體。你最好定期執行完整掃描，期間從每週一次到每月一次都可以。相隔期間越長，外來者可能造成的破壞期間也越長。

你也可以選擇所謂的自訂及離線掃描。**自訂掃描**可以挑選特定的資料夾進行掃描。**離線掃描**則類似於先前舊版 Windows 先開機進入安全模式、再移除惡意軟體的方式。Windows 現在也可以自動重啟進入某種狀態，並允許 Microsoft Defender 以離線掃描形式移除頑固的惡意軟體。這一招只有等到要放大絕時才會動用，而不會用來做定期掃描。如果你認定電腦已遭感染，但使用完全掃描卻無法找到癥結，就要改用離線掃描來確認。如果這一招也無效，就只剩下清空硬碟重裝 Windows 一途。

要執行掃描，請打開 **Settings ▶ Update & Security ▶ Windows Security ▶ Virus & Threat Protection**。點選 **Scan Options**，選擇你要進行的掃描類型，然後點選 **Scan now**。

在 Virus & Threat Protection ▶ Manage Settings 選單中，確認 Real-time Protection 已是開啟狀態，這樣 Defender 才能持續保護你的電腦。你也可以從這個選單排除檔案和資料夾。如果你確信特定檔案或程式並無安全疑慮，就可以用這個選單加以排除，但 Defender 仍會將其歸類為惡意軟體並嘗試加以隔離。

有一點特別值得注意，這可能會被視為是對隱私的一項風險，它就是 Automatic Sample Submission，這會讓 Microsoft Defender 將你的檔案自動上傳給 Microsoft 的雲端伺服器，以便分析和掃描惡意軟體。這個動作不無風險：隱私或機密資料可能會因此在你不知情時外流至第三方，因為 Defender 不會詢問或提醒你檔案即將上傳到 Microsoft。要關閉此一設定，請切換 Automatic Sample Submissions。

與這個設定相關的還有 Cloud-Delivered Protection 這個設定。它代表的風險不大，因為它只涉及將檔案中介資料交付給 Microsoft、而非整個檔案內容。就算你關閉 Automatic Sample Submission，Cloud-Delivered Protection 也還是可以運作，不過可能效果不彰。

Windows 會保持 Microsoft Defender 在更新狀態，但你時時手動更新也沒有壞處。要手動更新，只需在主要的 Virus & Threat Protection 頁面點選 **Check for Updates** 即可。

MACOS 的 XPROTECT

macOS 也具備一套內建的防毒解決方案，名為 XProtect。當你從網際網路下載任一應用程式，XProtect 就會比對其定義檔案內容，看看下載的是否屬於已知的惡意檔案，每當你更新電腦的軟體和作業系統時，這份定義便會一併更新。與會進行啟發性掃描的防毒程式相較，這種方式較為不利（詳情請參閱隨後的「特徵與啟發性」一節），因為後者評估的是檔案內容或行為，而非特定的檔案特徵。

挑選惡意軟體偵測及防毒工具

當你在挑選防毒及惡意軟體偵測工具時，請考量是否值得付費購買商業版工具（或是免費工具升級的高階版本），以及該工具是否需要用到特徵來偵測惡意軟體。

一般而言，如果你需要的只是一個簡單的工具可以掃描惡意軟體，就沒理由花大錢購置商業版產品。通常你會付費購買進階功能，像是內建於惡意軟體檔案掃描工具內的電子郵件或網頁瀏覽器掃描工具。

付費解決方案通常都允許某種形式的集中式管理。不論是網頁式的入口、抑或是管理伺服器或代理程式（agent），你都可以從一處觀看及管理所有裝置。如果你的網路規模較大，這個功能就很方便；如果你的網路只包含不到 30 台裝置，也許就用不到。

Antivirus Farm

如果在小型網路中改採多樣化的防毒產品，相較於只仰賴單一解決方案，也自有其優勢。*Antivirus farms* 便是採用多款產品，其目標在於取各種產品所長，盡量捕捉各種惡意軟體，以補單一產品之不足。它也使得攻擊者的企圖更難得逞；因為它不僅得突破單一防毒產品，而是要一再突破各種產品，才有機會在網路中任意肆虐。

Antivirus farms 的有用之處，在於每一家防毒廠商都維護自己的惡意軟體特徵資料庫——這種特徵其實是執行檔中的一段位元組序列，藉此就能識別出特定的惡意軟體樣本。這些資料庫必須經常地進行最佳化；不然你隨同軟體下載的病毒定義就會變得過於龐大，又不便於使用。因此較舊的病毒定義可以在一段時間後移出資料庫，如果並採多家廠商的產品，便意味著有機會涵蓋更多種類的已知威脅。

特徵與啟發性

你應該著重使用能夠兼顧特徵偵測和啟發性檢測的防毒產品。特徵（*signatures*）有助於從執行檔或其他檔案辨識出已知的惡意軟體，但攻擊者只須對內容略施手腳，便能變更特徵。這是惡意軟體偵測工具的主要弱點。但另一方面，啟發性偵測（*heuristics*）則會分析檔案行為模式，以及一個檔案會去執行何種命令，藉以判斷它是否帶有惡意。這是更可靠的方式，能夠偵測已知和未知的威脅。你如何分辨某種防毒程式是採用特徵偵測或啟發式掃描？如果產品網站上沒有介紹，最好的辦法就是直接洽詢廠商。網站上一定會有聯絡管道可循。

#26：在 macOS 上安裝 Avast

一般公認 Apple 裝置較不易受到惡意軟體影響，但如今也比以往更容易遭到感染了，這代表你應該在網路中的任何 Macs 上安裝防毒軟體。要在你的 Apple 電腦上安裝第三方的啟發式防毒解決方案時，有很多選項，免費和商業版本皆有。其中的 Avast 始終名列前茅。要安裝和設定 Avast，請依以下步驟進行：

1. 從 *http://www.avast.com/* 下載 Avast、並安裝軟體。當安裝完成後，應該會看到 Avast Security 的視窗（參見圖 8-1）。

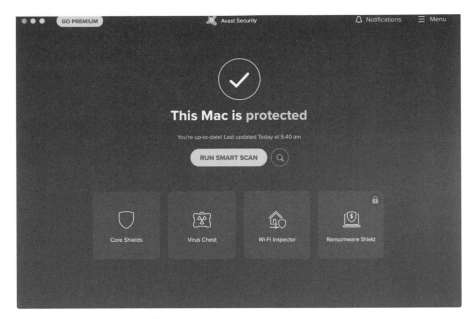

圖 8-1：Avast Security 視窗

2. 點選 **Menu ▸ Preferences** 進入 Avast 的設定頁面。

3. 在 General 分頁中，確認 **Turn on Automatic Updates** 已經勾選。

4. 在 Privacy 分頁中，取消勾選兩個會將你的資料分享給 Avast 的選項。跟 Windows Defender 一樣，此舉有助於保護你的隱私。

5. 在 Core Shields 分頁，確認 Avast 會執行的每個安全檢查，例如檔案掃描（file scanning）以及網頁和電子郵件防護（web and email protection）。

6. 在每個 shields 底下點選 **Add Exceptions** 按鍵，以便指定任何的例外項目。如果你有檔案或程式是確信合法或是風險很小的，就將其列入例外，但你的防毒軟體仍會將其歸類為潛在的惡意內容。

7. 在 Scans 分頁，確認已勾選 **Scan Whole Files, Scan External Drives, Scan Mounted Network Volumes, Scan All Time Machine Backups** 和 **Scan Archives**。此舉可以確保防毒功能會盡量識別出其中的威脅，並加以防範。

Smart Scan 是設計用來快速掃描電腦中最脆弱的區域。雖說此種掃描較不耗費資源，也比較不費時，但它卻不可能捕捉到電腦上所有的威脅，因為它並未徹底掃描硬碟中的所有區域。*Deep Scan* 便較為完善，它會涵蓋裝置中所有的儲存區域，甚至包括外接儲存裝置、網路位置、Time Machine 的備份、記憶體、並偵測 rootkit。*Targeted Scan* 則只會掃描指定的特定區域。

所有這些掃描皆是從 Mac 的 Avast 當中的 Scan Central 畫面執行的。點選 **Search** 按鈕並選擇你要執行的掃描類型，再點選 **Scan Now**。選擇 Targeted、USB/DVD 或 Custom Scans 等選項都會提示要掃描的位置。Avast 會掃描電腦中的威脅，如果有所發現，它便會詢問你要如何處置相關檔案。選擇所有的檔案，並點選 **Resolve Selected** 將檔案全數移往 Virus Chest；然後點選 **Done**。這下你的電腦應該就會清除所有潛在的惡意檔案和應用程式。

#27：在 Linux 上安裝 ClamAV

Linux 也一樣會受到病毒影響。但是 Linux 作業系統卻鮮少附帶內建的防毒應用程式，可用的選項也比其他作業系統少。大部分既有的解決方案都屬於商業用版本，像是 Avast Core Security for Linux，它們都需要收費，但也還是有開放原始碼的解決方案：ClamAV。

ClamAV 屬於免費應用程式，可以用在 Windows、macOS 和 Linux 上。要在 Ubuntu 上安裝它，請以 SSH 和非 root 使用者身分登入你的伺服器。執行以下命令安裝 ClamAV 的某個版本，以便自動掃描病毒，同時也安裝 clamtk 這個 GUI 工具，稍後便會用到：

```
$ sudo apt install clamav clamav-daemon clamtk
```

安裝完畢後，你的防毒定義檔（一個讓 ClamAV 據以判別惡意軟體的資料庫）應該會保持在最新狀態，但你還是可以執行以下命令去更新病毒定義檔——現在或將來都可以這樣做——以便停止、更新再重啟 ClamAV：

```
$ sudo systemctl stop clamav-freshclam
$ sudo freshclam
$ sudo systemctl start clamav-freshclam
```

要掃描惡意軟體，請使用 clamscan *folder_to_scan* 命令。若要掃描整個系統，請將目標資料夾訂為 /，這樣 ClamAV 便會從根檔案系統開始掃描，若再加上 -r 參數，掃描便會遞迴深入所有子目錄，請加上 sudo 讓 ClamAV 有足夠權限讀取檔案系統中所有的檔案：

```
$ sudo clamscan -r /
--snip--
----------- SCAN SUMMARY -----------
Known viruses: 8927215
Engine version: 0.102.3
Scanned directories: 89954
Scanned files: 362758
Infected files: 0
```

```
Total errors: 82216
Data scanned: 8767.58 MB
Data read: 14195.27 MB (ratio 0.62:1)
Time: 1171.021 sec (19 m 31 s)
```

掃描結束後，clamscan 會輸出一份掃描摘要。

除了已知的惡意軟體，ClamAV 還能偵測出可能沒必要的應用程式（*potentially unwanted applications*，*PUA*），包括像是廣告軟體（adware）、點對點（peer-to-peer，p2p）程式、遠端管理工具、比特幣挖礦程式、以及附加軟體（與安裝的應用程式並無關係、但一併被加入的軟體），它們不見得帶有惡意，但仍可能帶有風險、或是對端點的安全性和效能有負面作用。要掃描 PUA，請在執行 ClamAV 時加上 --detect-pua=yes 這個引數。

如果掃描時間過長，可以利用其他進階參數來縮短期間。譬如用 --max-filesize=*n* 限制 ClamAV 會掃描的檔案大小，這裡的 *n* 代表檔案容量上限，單位是 kilobytes。任何大小超過此限的檔案都會略過不處理，藉以縮短完成掃描所需的時間。同理，--max-scansize=*n* 則只會掃描特定容量以下的壓縮（archive）檔案（例如 *.rar*、*.zip* 等檔案）——其他壓縮檔則略過不處理。為了限制遞迴深入程度（亦即自起點目錄起第幾層的子目錄），請加上 --max-dir-recursion=*n* 參數。欲知其他參數，可用 -h 引數查詢，就像 sudo clamscan -h 這樣，即可印出說明。

要定期進行掃描，請利用 Crontab 排程，這是 Linux 專門用來按照既定時刻或期間去執行程式的工具。在終端機輸入 crontab -e 命令編輯排程任務檔案：

```
$ sudo crontab -e
[sudo] password for user:
# Edit this file to introduce tasks to be run by cron.
#
# Each task to run has to be defined through a single line
# indicating with different fields when the task will be run
# and what command to run for the task
#
# To define the time you can provide concrete values for
# minute (m), hour (h), day of month (dom), month (mon),
# and day of week (dow) or use '*' in these fields (for 'any').
#
# Notice that tasks will be started based on the cron's system
# daemon's notion of time and timezones.
#
# Output of the crontab jobs (including errors) is sent through
# email to the user the crontab file belongs to (unless redirected).
#
# For example, you can run a backup of all your user accounts
# at 5 a.m every week with:
# 0 5 * * 1 tar -zcf /var/backups/home.tgz /home/
```

```
#
# For more information see the manual pages of crontab(5) and cron(8)
#
# m h  dom mon dow    command
```

檔案開頭的一大段註解，以範例說明了如何指派任務。註解的最後一行提供了語法，教你如何排程執行命令稿和應用程式。順序為分鐘、小時、日期、月份、當週星期幾、以及要執行的命令。分鐘和小時必須為數字，範圍分別是 0 到 59 和 0 到 23，你也可以輸入以逗點區隔的分鐘和小時數值清單（亦即你可以指定 1,2,3 來代表要分別在凌晨 1 點、2 點和 3 點執行命令）。要指定星期幾時，可以用數字代表（1 到 7，1 代表週日），或是用 Sun、Mon、Tue 等文字指定。月份則是從 1 到 12（1 代表一月）。星號字元（*）代表所有可接受的資料值；如果你希望每個月都會執行某個命令，就在月份欄位（mon）放上星號。

假設你要用 clamscan 掃描整個檔案系統，時段是每週日的凌晨 1 點，而且還要包括掃描可能無必要的應用程式（PUA）。那麼請在 Crontab 檔案底部加上這一行：

```
0 1 * * sun clamscan -r / --detect-pua=yes -l /path_to_logfile/clamav.log
```

按照預設，你無法看到掃描結果，除非你加上參數 -l 指定日誌檔案位置。如果你想在完整系統掃描之外再加上每週一掃描特定資料夾，譬如使用者的家目錄（/home/），就在 Crontab 裡再加上一行，放在上面那一行之下。

此外，再添加一行到 Crontab 當中，確保 ClamAV 會保持更新：

```
0 0 * * mon systemctl stop clamav-freshclam && freshclam && systemctl start clamav-freshclam
```

你可以用一對 & 字符區隔串在一起的多個命令，這可以確保它們會依序執行。請用 man 的功能檢視關於 Crontab 的詳盡資訊（任何終端機命令的資訊都可以這樣查詢）。輸入 man crontab，就可以在命令列開啟關於該應用程式的說明。

#28：使用 VirusTotal

VirusTotal（*VT*）會測試檔案，判斷它是否帶有惡意（*https://www.virustotal.com/*），該網站採用的是 antivirus farm 的概念，只是其實施規模更大。這是一個公開的服務，你可以上傳任何檔案讓它掃描惡意軟體，VT 會以超過 60 種的防毒軟體交替檢測。然後它會提出一份報告，指出其中是否帶有惡意軟體，或是其行為是否會對你的端點、安全性或隱私造成負面影響。如果你覺得檔案帶有惡意，但自己的防毒功能又檢查不出來。此項服務便十分有用。

要注意的是，上傳到 VT 的任何內容就等於公諸於世，因此任何人都可以搜尋並下載你上傳過的檔案。要使用 VT 但兼顧隱私資訊不公開，請在 VT 上搜尋你想檢查的檔案的 hash 值。*hashing* 過程相當於根據檔案內容計算出一個固定長度的字串。一般公認 hashing 是單向過程，亦即無人能從檔案的 hash 值反向推算出原始檔案的內容。一旦建立檔案的 hash，就等於取得一個可以識別該檔案的獨一無二字串。有些 hashing 演算法可能還是會產生重複的**衝突資訊**（*collisions*），亦即兩個檔案會得出一樣的 hash 值，不過這種機會在近代的 hashing 功能中可說是微乎其微。任何作業系統都有內建工具可以取得 hash 值。

Windows PowerShell　在 Windows 裡打開 PowerShell 視窗，輸入以下命令以取得任意檔案的 MD5 hash 值：

```
$ Get-FileHash path_to_file -Algorithm MD5
```

然後你就可以到 VirusTotal 入口網站去直接搜尋 hash 值了。

Linux and macOS Terminal　在 Linux 和 macOS 裡，可以用以下命令取得檔案的 MD5 hash 值：

```
$ md5sum path_to_file
```

然後就可以到 VT 入口網站去搜尋產出的 hash 值了。

只要以往曾有具備相同 hash 值的檔案被上傳到 VT，你就會得到一份關於該檔案的公開報告，詳述 VT 中以各種防毒來源掃描惡意軟體的結果。如果它未曾上傳過，很可能就並非惡意檔案。

#29：管理修補和更新

除了運用防毒工具以外，管理修補也是一項重要的防禦措施，因為惡意軟體本就是被設計用來偵伺網路、應用程式、協定或作業系統中的特定弱點。外來者會十分注意 Windows 及其他作業系統的更新和修補，因為修補意味著有弱點要進行補強。攻擊者便會利用該項弱點資訊，針對相關安全缺陷來撰寫惡意軟體，任何人只要未曾下載更新，便可能成為受害者。這也是何以作業系統會持續地要求安裝更新和修補內容的緣故。

大部分情況下，一般使用者不會立即安裝更新，而外來者便有機可乘，覬覦尚未修補的系統。你最好是在軟體有更新可用時儘快安裝。還好如今的更新過程極為簡單，而且很容易就能自動化。以下的 project 便說明如何在個別的系統上設定系統更新，再下一個小節則會探討多個端點的修補管理解決方案。

Windows Update

要設定 Windows updates，請打開 **Windows Settings ▶ Update & Security**。Windows 至少會每天自動檢查一次更新（假設該裝置整天都是開機狀態）。若要手動檢查、下載和安裝更新，請點選 **Check for Updates** 按鍵。

如果你不想成天擔心是否要進行更新，請點選 **Pause Updates for 7 Days**。更新是保持系統安全的關鍵，因此筆者不建議像上述這樣暫停更新。

你可以指定在活動時段內限制 Windows 不要更新電腦。如果你通常會在早上 9 點到下午 5 點之間使用電腦，就可以要求 Windows 不要在這段時間內更新，與短期暫停更新相比，這個選項要安全得多。

在 Advanced Options 裡，你還可以要 Windows 透過 Windows Update 一併更新其他的 Microsoft 產品──筆者建議開啟此一功能。你也可以要 Windows 在安裝完更新後強制重新開機，如果身為管理員的你希望一般使用者會乖乖地重啟機器，這個功能就很有用。大家都不會喜歡你這樣做，但這可以保障網路安全。

在 Advanced Options ▶ Delivery Optimization 選單當中，你可以打開從網路上的其他 PC 下載更新的選項。這樣可以節省多部電腦從網際網路下載相同更新內容所消耗的頻寬。你應該開啟這個設定，但是請注意，只能從本地網路的可信電腦下載，而不要從網際網路上的陌生電腦下載。

回到 Advanced Options 窗框，最後一個值得注意的設定是 Privacy。你可以在這個選單中限制 Windows 和 Microsoft，不得依照你的位置、瀏覽習慣和應用程式使用的統計數據來對你發送特定廣告和內容，藉此提升隱私性。

macOS Software Update

Apple 的裝置比 Windows 或 Linux 要易於更新，因為其更新過程幾乎完全可以自動化，因此不太需要使用者介入。要確保你的 Apple 電腦會保持更新，請打開 **System Preferences ▶ Software Update**。若要允許自動更新，請勾選 **Automatically Keep My Mac Up-to-date**。

一旦勾選此一項目，請點選 **Advanced** 按鍵，選擇應該自動進行的動作。在這個選單中（圖 8-2），選擇你的電腦是否可以檢查更新、下載更新、或是無須使用者介入便完成安裝過程，然後按下 **OK** 儲存設定。大部分情況下都傾向於讓電腦保持更新但毋須使用者介入；每當需要重啟的更新安裝完畢後，電腦仍會向使用者確認是否可以重啟（這種狀況並不多）。

圖 8-2：macOS 的進階軟體更新設定

像這樣保持裝置更新，可確保它們安全無虞，並維持你和使用者的隱私。

以 apt 更新 Linux

如第一章所述，Linux 作業系統有多種發行版本（*distributions*）。每一種發行版都是以套件管理工具（package manager）來維護和更新系統或使用者安裝過的軟體。本書採用的是 Ubuntu Linux，它的套件管理工具是 Advanced Package Tool（APT）。套件管理工具簡化了 Linux 端點保持更新及安全的過程。

要更新 Ubuntu 系統，請以標準非 root 使用者身分，從 SSH 登入。一旦登入，應該就會看到歡迎訊息，包括必要和建議的更新：

```
--snip--
 * Documentation:  https://help.ubuntu.com
 * Management:     https://landscape.canonical.com
 * Support:        https://ubuntu.com/advantage

105 updates can be installed immediately.
68 of these updates are security updates.
To see these additional updates run: apt list --upgradable
--snip--
```

為確保更新清單完整，請執行 **apt update** 命令：

```
$ sudo apt update
```

一旦清單更新完畢，再執行 **upgrade** 命令更新所有軟體套件：

```
$ sudo apt upgrade
```

命令的輸出會顯示需要更新的套件數量，所需的磁碟空間，以及各種狀態訊息。
看到提示時請按下 **Y** 和 ENTER 鍵繼續。

一如 Windows 和 macOS，有些更新會需要重啟系統。這時會看到：

```
A reboot is required to replace the running dbus-daemon.
Please reboot the system when convenient.
```

要讓 Ubuntu 自動更新系統並安裝套件，請執行以下命令：

```
$ sudo dpkg-reconfigure -plow unattended-upgrades
```

命令會顯示如圖 8-3 的提示。

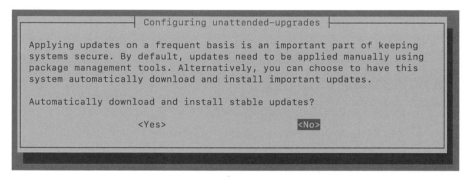

圖 8-3：Ubuntu 的無人操作更新

選擇 **Yes** 並按下 ENTER，就可確信伺服器會保持更新了，它們也因此更為安全。
但是你應該還是至少要每月一次手動檢查更新並重啟系統。

#30：安裝 Automox

網路規模大小不一，要手動讓你所有的端點保持更新，就算只是半手動都會令
你感到心力交瘁。像 Automox 這樣的集中式修補管理解決方案，可以幫你在一
處輕易地管理所有事務。Automox 的運作模式是讓每個端點訂閱：只需支付少
少月費，你就可以管理多部 Windows、macOS 或 Linux 系統（工作站或伺服器
皆可），便於從一個看板修補所有端點，包括系統和第三方軟體的修補內容。
Automox 同時會維護一份資產和軟體清單，這也是所有人在防護網路安全時會
做的第一件事。

安裝 Automox

請前往 Automox 網站（*https://www.automox.com/*）登錄一個帳號（也可以先免費試用）。然後登入你位於 *https://console.automox.com/* 的帳號看板。看板是你檢視所有受管端點和所需更新總結的位址。當然直到你真正在帳號下添加端點之前，這份看板都會空無一物。以下各小節會解釋如何以使用者密鑰來連接端點和 Automox。你的密鑰可以在 Automox 網頁介面的 profile settings 裡找到，就位在 Keys 分頁之下。

Windows

要在 Windows 端點上安裝 Automox 代理程式（agent），請進入 Automox 主控台的 **Devices** 分頁，然後點選頁面頂端的 **Add Devices** 連結。你會看到一份 OS 選單跳出來。請選擇 Windows 並下載代理程式。

一旦下載完畢，請以管理者身分執行安裝檔（一個 *.msi* 檔案）。按照安裝精靈指示，在收到提示時輸入剛剛從主控台取得的 Automox 使用者密鑰。安裝好後請更新 Automox 看板，看看新加入的端點（圖 8-4）。

	OS	Device Name ▲	Last Disconnected	Group Membership	Tags	IP Address	OS Version	Scheduled Patches	Total Patches	Status
☐	⊞	Rory		Default	Recently Added	27.32.154.58	10 Pro 10.0.19041	0	0	↻ Initializing

圖 8-4：Automox 的資產清單

macOS and Linux

在 Mac 或 Linux 電腦的終端機視窗中執行以下命令，但在 *yourkey* 的位置換成你自己的密鑰：

```
$ curl -sS "https://console.automox.com/downloadInstaller?accesskey=yourkey" | sudo bash
```

再次更新主控台檢視新加入的端點。

使用 Automox

現在 Automox 已經安裝到你的端點上，你可以在這個集中式主控台管理作業系統和第三方軟體的修補內容了。從 Devices 分頁檢視所有受管的端點，並將其納入群組——如果你想用這種方式管理的話。你也可以掃描端點，看看硬體有何變化，並檢查是否需要更新，從遠端重啟，或是從帳號中移除端點。點選任一端點，你就可以看到它的硬體組態、IP 和 MAC 位址、裝置類型、作業系統、CPU 和 RAM 的詳情、以及其他重大資訊等等，如圖 8-5 所示。你也可以強制立即更新端點，而非坐等端點依照 System Management 分頁中所訂的更新策略去進行更新。

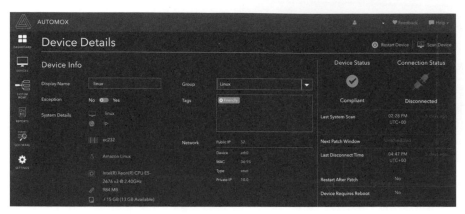

圖 8-5：Automox 裝置詳情

你可以在 System Management 分頁中建立和指派修補策略，如果你想定期安裝修補，這個方式會很有用。譬如說，也許你想每天下午 5 點自動安裝任何重大修補。抑或是你想每週六午夜 12 點強制安裝所有必要修補，因為這時不太可能有人還在用電腦。這時你就可以在此定義自己的需求，並決定最適合你和網路環境的修補時間表。

你還可以在 Reports 分頁產生 Automox 更新端點的動作報表，或是主控台中任一或全部端點的狀態報表，或是針對不符規範端點的報表。但按照你的網路規模，有時在看板檢視這些資訊會比產生報表要容易一些。

Automox 也會在 Software 分頁提供一份關於受管端點安裝的軟體、及相關修補程度的清單。這樣你就能輕易地找出需要更新的軟體，並在必要時著手更新。你也可以利用這份清單找出環境中用不到的軟體，它們可能屬於非必要應用程式或特定軟體，像是遊戲或其他政策不允許的軟體。

最後，在 Settings 分頁中，你可以建立新的使用者，藉此允許其他管理員操作你的 Automox 主控台並管理端點。你也可以在此找到自己的代理程式存取密鑰。有一項功能是你絕對應該要啟用的，就是兩階段認證（two-factor authentication）的設定。啟用兩階段認證就可以讓帳號更為安全，未經授權者會更難以竊取你的裝置和修補管理資訊（第十一章會探討此一功能的觀念）。

總結

讓系統保持更新，是網路安全的關鍵。無論你是選擇使用作業系統內建的防毒及修補選項，還是採用像是 Automox 這樣的受管修補解決方案，更新都應該經常定期進行，防毒掃瞄亦復若是；不然你就等於是讓網路暴露在各種外來者和非必要風險面前的不設防狀態。

9

備份你的資料

擁有可靠且定義明確、同時實作良好的備份策略，是任何網路在對抗因惡意事故或意外而損失資料時的最佳防禦手段。無論你是一不小心刪除了內有重大文件的資料夾，抑或是外來者在你的網路上執行了勒索軟體，還是天災導致裝置損壞，備份都能拯救你於水火之中。

本章將介紹各式各樣的備份考量，包括各種類型的備份、建立備份時間表、在地（onsite）或外地（offsite）備份的價值、什麼內容應該備份、以及備份的儲存選項。最後我們會說明如何在你的網路中實施各種不同的解決方案。

備份的類型

當你實作備份時間表時，應該考量的備份類型有三種：完整備份（*full*）、遞增式備份（*incremental*）、以及差異式備份（*differential*）。

完整備份

完整備份指的是所有你要從特定主機或位置備份的全部內容副本（所謂的備份集，*backup set*）。譬如說，你或許會覺得需要經常地備份位於電腦中的 user profile 全部內容。抑或是你想複製整顆磁碟或整個卷冊，包括作業系統檔案。這兩種選項都是可行的，並可視為各自獨立的備份集。

完整備份可以簡單迅速地從單一備份集還原所有的檔案。因為所有的資料都包含在單一備份集當中，還原過程會比其他備份方式要快一些。但是完整備份所需的儲存空間更大，如果要留存的完整備份不只一套，所需空間會更大，而備份時所需的時間也最長。

差異式備份

差異式備份只會包含自從前一次完整備份以來曾經異動的資料副本，因此它比完整備份更常用到。如果你決定一個月跑一次完整備份，那麼最好是另外再安排每週一次的差異式備份。一般會建議經常建立完整備份，以便控制差異式備份的容量（而不是只留一份完整備份後，放任後續的差異式備份不斷膨脹）。

差異式備份也需要可觀的儲存空間，因為其首度備份裡會含有全部曾在上一次完整備份後變動過的檔案副本，再下一次的差異式備份也會含有相同內容、再加上第一次和第二次備份中間變動過的所有額外檔案。這段過程中若沒有再做過任何完整備份，差異式備份很快就會隨著時間以指數程度膨脹。此外，若是其中有任何差異式備份不完整，你就無法從不完整的差異式備份和完整備份的資料做完整的還原。

遞增式備份

遞增式備份指的是從前一次備份以來任何變動過的資料的副本，而這裡指的前一次備份，是不分完整、差異式或遞增式備份的。這種備份類型所需的儲存空間最少，建立所需的時間也最短。如果你每月建立一份完整備份，然後每週都建立一份差異式備份，最好再加上每天一次的遞增式備份，以確保任何資料變動都會被備份下來。

遞增式備份較難實施，而且要還原檔案，得從多份備份中一一進行，這是有難度的，因為你得一一打開每組備份，再從所需的備份時間點還原特定檔案。亦即你得用到全部的備份時間點，才能達成完整還原，但差異式備份只需用到最近的一份差異式備份和最近的一份完整式備份，就能完成全部還原。

制定備份時間表

要是沒有經常備份，備份資料的價值便有限。最關鍵的資料也許每天都在變動，因此一份兩個月前的文件備份資料，對於已經損壞或已經一去不復返的資料而言，並無多大助益。因此你應該決定多久備份一次。儘管有一些最佳實施方式可以遵循，但備份策略通常會視特定環境與需求而有各自不同的獨特性。

建立完整備份的頻率通常最好是低於差異式或遞增式備份，因為它所需的空間和時間都較多之故。差異式備份或遞增式備份都只涉及異動的資料，因此可以較為頻繁地進行，這兩種類型所需的空間和時間也較少，因此不會像完整備份那樣容易因時間過長而失敗。基本守則是，每月完整備份一回主要系統或重大資料，是很好的起點，事後你還是可以視需求調整備份策略。

依照你選擇的備份軟體，有些特定的排程選項不見得都能使用。譬如說，有些軟體在技術上擁有全部的功能，也可以讓你從不同時間點還原備份過的資料，但卻不會直接向你顯示差異式 / 遞增式 / 完整備份和還原選項。大多數的作業系統都內建了備份解決方案（稍後會介紹）。依照需求，內建的選項可能就已足夠。不然你就該改採其他付費的解決方案。

在地和外地備份

依據你選擇備份資料的重大程度，除了在地備份以外，另外再留存一份外地備份，也很穩當的做法。在地備份代表它會和原始資料位於相同地點，例如家中或辦公室。外地備份指的則是儲存在遠離主要位置以外場所。將備份分開異地存放，可達到資料備援效果（data redundancy）；萬一在地備份和原始資料都被毀，外地備份就成了你最後的希望。通常外地備份都會以離線方式儲存，不會連上網路，而且最好是放在防火的保險箱內。亦或是你也可以選擇採用雲端解決方案，但這會帶來額外的安全風險。

保存一套外地備份，當然會造成管理上的額外負擔。大部分情況下你都會以備份應用程式建立在地備份，然後再手動把在地備份複製到外地，然後將原本的在地備份清除。這動作應該比照在地備份，以定期排程進行，當緊急事故發生時，這可以讓你有更多選擇可以還原。

要備份什麼跟該使用何種儲存方式

一開始要決定該備份哪些資料是有難度的。你是要能從先前的檢查點復原整個裝置呢？還是只需要還原特定的檔案？如果你不需要復原整套作業系統，那你最好先決定哪些檔案和資料夾是重要的，或是值得復原的。請想像一下，如果手邊沒有這些資料，你、使用者或手邊的業務能支撐多久不受影響？從備份復原所需的時間長短，完全要看你要復原的資料容量而定。

在決定備份策略應涵蓋的範圍時的另一項考量，是儲存的種類、以及你有多少空間可以用來存放備份。你可以選擇在原本的裝置中直接建立檔案備份，但萬一裝置遺失、遭竊、被毀，或是遇上任何狀況無法使用時，這種備份就沒有用了。比較好的辦法是採用外接硬碟，任何在地的電腦零售店都買得到你需要的各種容量的硬碟。它是便宜又好用的選項，便於建立在地備份、以及輕易就能移至外點存放的次要備份。最後，你也可以採購網路附掛儲存（*network-attached storage*，*NAS*）形式的裝置，專門用來儲存備份。NAS 會接在你的網路上，它具備龐大的儲存容量，通常還具備額外的功能，像是磁碟冗餘備援和自動化作業等等。它的性能和可靠性都優於外接的獨立硬碟，但通常比較貴、也需要額外的管理作業。

無論選擇何種儲存解決方案，應該都要能滿足你計畫的備份需求。要把裝置中的整顆磁碟備份下來會需要相當大的空間，因為電腦的內部儲存空間通常會高達 1TB 之譜。如果你打算只備份關鍵的個人檔案，就不需要這麼大的備份空間。你可以試著先從外接硬碟著手，然後當需求隨時間增加時再繼續升級儲存設施。無論你的端點是實體或是虛擬設備，你選擇的解決方案都與作業系統、還有你要在備份集裡保存多少資料密切相關。

如果你要自行維護備份，大部分的作業系統都內建了備份解決方案，有些功能還十分完善。

#31：使用 Windows Backup

要使用 Windows 內建的備份解決方案，打開 **Windows Settings ▸ Update & Security ▸ Backup**。你需要先把儲存備份資料用的磁碟機連上電腦。連上後，點選 **Add a Drive** 並選擇該磁碟，如同圖 9-1 所示。注意，在 Windows 11 上，Windows Backup 的位置會換到 **Windows Settings ▸ Accounts ▸ Windows backup**，而且該設定是每個使用者獨有的。在 Windows 11 上，你可以用 Windows Backup 把檔案、應用程式、以及個人偏好同步到 OneDrive 上，但把本地磁碟備份到外接或網路磁碟的選項已經不復存在。

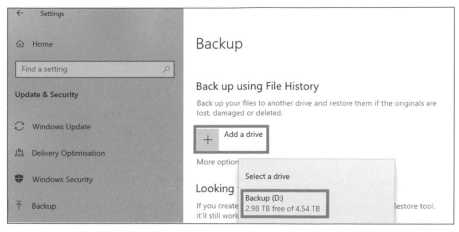

圖 9-1：Windows 備份到外部磁碟

當你選好磁碟後，Automatically Back Up My Files 選項就會開啟。凡是你的 user profile 資料夾（*C:\Users\\<username>*）中的重大資料，像是 *Documents*、*Desktop* 和 *Downloads* 等資料夾，甚至是 *AppData* 資料夾中的應用程式設定，都可以藉此保存多份副本。你只需點選 More Options，就可以挑選要將哪些資料夾納入備份範圍。

基本上 Windows Backup 採用的策略是一套完整備份再加上差異式備份。它一開始會先全面備份你挑選的檔案，然後預設是每小時為任何異動過或新版的檔案永久保存一份副本（或是直到備份用的磁碟空間用盡為止）。這樣你就可以從備份時間線上的任一處隨意檢視並復原檔案。這個功能並非毫無限制，包括它無法將備份放到網路位置上、也不能製作完整的系統映像檔。

#32：使用 Windows Backup and Restore

正如上一個 project 中所述，Windows Backup 十分適合用來備份特定檔案與資料夾，但不適合備份整套系統。幸好從 Windows 7 開始，所有版本的 Windows 都支援 *Back up and Restore*，這個工具在建立完整系統備份時十分有用，它可以建立用來徹底還原系統的系統映像檔（譬如當勒索軟體毀掉你的磁碟時就會需要它）。它建立的備份還能放到外接或網路磁碟，但它無法保存舊版檔案、或是檔案的異動歷史紀錄。

在 Windows 10 上，你可以進到 **Windows Settings ▶ Update & Security ▶ Back up ▶ Go to Back up and Restore (Windows 7)** 底下取得 Back up and Restore。若是在 Windows 11 裡，Back up and Restore 會改換到 **Control Panel ▶ System Security ▶ Back up and Restore (Windows 7)** 底下。你會看到如圖 9-2 的提示畫面。

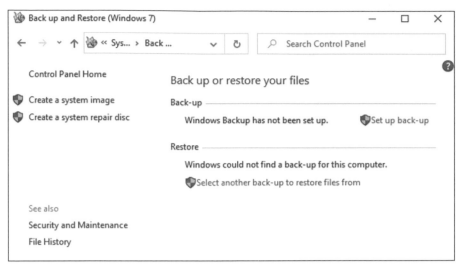

圖 9-2：Windows Backup and Restore 視窗

在左側，有選項可以建立**系統映像檔**或是**系統修復光碟**。萬一你的電腦由於硬體或作業系統問題而無法使用，就需要用到這兩者之一，把電腦還原到備份時的已知良好狀態，所有檔案都仍會維持原狀。

1. 點選右邊的 **Set Up Back-up** 按鍵，建立個人和系統檔案的尋常備份時間表。

2. 接上外接磁碟，點選 **Refresh** 以便選擇其作為備份位置，或是點選 **Save On a Network** 並指定網路位置、再加上必要的使用者名稱和密碼（必要的話），以便另外指定一個網路磁碟或位置；然後點選 **Next**。

此時 Windows 會詢問你要備份什麼內容。按照預設，你可以讓 Windows 選擇要備份什麼，這會包括你位在 *C:\Users\<username>* 裡的個人檔案和資料夾。

3. 選擇 **Let Me Choose** 項目並點選 **Next**。

4. 選擇備份內容。

    a. 啟用或停用 backup of new users' files（假設這部電腦上建立了新進使用者帳號時）。

    b. 納入或排除個人文件庫，像是 *Documents* 或 *Pictures*，以及 *Desktop* 和 *Downloads* 資料夾等其他位置。

    c. 從你的電腦磁碟中選擇任何資料夾。

    d. 如果你要經常備份整套系統，務必勾選 include a system image of your device 選項。一旦設定完畢，點選 **Next**。

5. 此時可以選擇要執行備份的時間表，可以是每天、每週、或是每月輪迴。

6. 點選 **Save Settings and Run Backup**，進行首次資料備份。

現在你已可經常性地把資料夾備份到 Windows 系統的外接或網路磁碟了。

#33：使用 macOS 的 Time Machine

Apple 的裝置也附有自家內建的資料備份解決方案，稱為 *Time Machine*，可以從 **System Settings ▸ Time Machine** 進入（圖 9-3）。

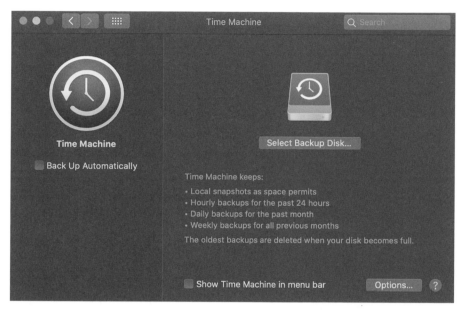

圖 9-3：macOS 的 Time Machine

Time Machine 有辦法把資料備份到直接掛在電腦上的外接磁碟，也可以備份到網路附掛磁碟。網路儲存的形式可以是 Apple Airport Time Capsule（專門設計用來進行 Time Machine 備份用的），或是連接到 Apple Airport Extreme base station 的磁碟，甚至是另一部將自身分享作為 Time Machine 備份目的地的 Mac，或是能以 SMB 支援 Time Machine 的專屬 NAS 裝置。如果你的網路上已有上述任一種裝置，筆者會建議採用這種解決方案。如果沒有，要備份 Mac 最簡單便宜的解決方案就是利用外接磁碟、而不是網路位置。通常當你將一顆高容量磁碟插上 Apple 裝置時，它會提示問你是否要用這顆磁碟來作為 Time Machine 備份之用。抑或是用圖 9-3 顯示的 Select Backup Disk 選項來選擇特定的備份磁碟。

Time Machine 不支援排程備份的選項；它只會按照既定的時間備份你的資料。
Time Machine 會每 24 小時保留一份資料快照（snapshots），另外還會保存一個月份的滾動式每日備份，若是備份用的磁碟空間許可，還會再另外保留每週一份的滾動式備份。一旦空間耗盡，Time Machine 便會把最舊的備份集刪除，只留下較新近版本的資料。請勾選 **Back Up Automatically** 讓 Time Machine 依上述方式運作。

至於挑選要備份資料的選項則選擇有限。按照預設，Time Machine 會備份整台裝置，包括系統檔案、應用程式、帳號、偏好設定、電子郵件、音樂、相片、影片和文件等等。點選 **Options** 來排除以上項目，其畫面如圖 9-4 所示。

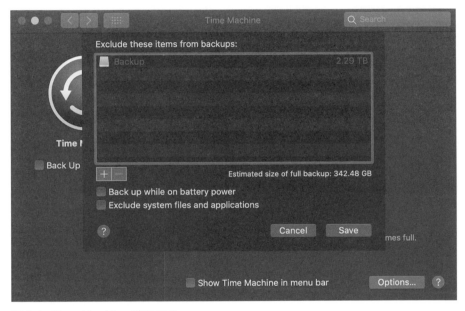

圖 9-4：Time Machine 備份選項

整體來說，Time Machine 是相當強韌的 Apple 端點備份和還原解決方案。

#34：使用 Linux duplicity

在 Ubuntu 上有好幾種工具程式可以用來建立檔案備份。使用最簡單的要算是 *duplicity*，這是一支命令列工具程式，可以在本地儲存、外接硬碟或是網路位置上建立完整跟遞增式備份。請以下列命令在 Ubuntu 端點上安裝 duplicity：

```
$ sudo apt install duplicity
```

命令一完成，執行 duplicity 並加上選項 -h 以顯示說明檔，確認安裝是成功的：

```
$ duplicity -h
Usage:
  duplicity [full|incremental] [options] source_dir target_url
  duplicity [restore] [options] source_url target_dir
  duplicity verify [options] source_url target_dir
  duplicity collection-status [options] target_url
  duplicity list-current-files [options] target_url
  duplicity cleanup [options] target_url
  duplicity remove-older-than time [options] target_url
  duplicity remove-all-but-n-full count [options] target url
  duplicity remove-all-inc-of-but-n-full count [options] target_url
  duplicity replicate source_url target_url
--snip--
```

詳閱輸出並熟悉可用的選項和組態。在以下小節中，我們會探討其中最常用到的功能。

以 duplicity 建立本地備份

以下示範如何以 duplicity 為使用者家目錄建立初次完整備份，並將輸出存放至本地系統的 */tmp/* 目錄：

```
$ duplicity /home/user file:///tmp/
Last full backup date: none
GnuPG passphrase for decryption:
Retype passphrase for decryption to confirm:
--------------[ Backup Statistics ]--------------
StartTime 1634779305.32
EndTime 1634779305.94
ElapsedTime 0.62 (0.62 seconds)
SourceFiles 139
SourceFileSize 5793461 (5.53 MB)
NewFiles 139
NewFileSize 5793461 (5.53 MB)
DeletedFiles 0
ChangedFiles 0
ChangedFileSize 0 (0 bytes)
ChangedDeltaSize 0 (0 bytes)
DeltaEntries 139
RawDeltaSize 5465781 (5.21 MB)
TotalDestinationSizeChange 660694 (645 KB)
Errors 0
-----------------------------------------------
```

注意目標的目錄（備份儲存所在處）必須加上 *file://* 這樣的前置字串。*/tmp/* 目錄是暫時擺放備份的位置；你應該事後再把備份移往他處，或是直接指定其他位置來存放備份。初次執行此一命令時，duplicity 會完整地備份來源檔案或目錄。後續再執行相同命令時，則會改為建立來源資料的遞增式備份。如上所示，命令輸出會顯示統計資訊，包括備份操作起始和結束的時刻，涵蓋了多少檔案，以及備份的總資料量。以 duplicity 建立的備份，必須加上密語（passphrase）保護。

若要再建立另一份完整備份，請指定備份選項 full，就像這樣：

```
$ duplicity full /home/user file:///tmp/
```

此舉會強制讓 duplicity 再為資料建立一份完整備份，而非繼續做遞增式備份。

以 duplicity 建立網路備份

基於諸多因素，將備份存放到網路上的位置，會比存放在本地資料夾更為合適。將備份存放在本地端是有風險的，因為萬一無法存取所在的端點、或是它無法使用，你就沒有備份可以用來還原到其他位置了。此外，若是外來者入侵系統，就等於也取得了你的（加密）備份。因此將備份放到像是檔案伺服器之類的遠端位置是較為安全的。只需透過 duplicity 內建的 rsync 功能便可做到這一點。以下命令會假設你已依照第一章的指示建立 SSH 密鑰、並可以用 SSH 密鑰認證取代密碼認證方式。如果還沒有，請回頭完成這一點。SSH 密鑰認證會需要用到成對的公開 / 私密金鑰，並在本地和遠端端點分別存放，這樣才能進行密語化的安全通訊，比起只靠密碼或密語認證要來得更安全。

```
$ duplicity /home/user rsync://user@server_ip//path/to/folder/
```

一旦決定要備份哪些檔案和資料夾，也選好了備份存放位置，請以 Crontab 排程執行 duplicity，以便建立經常性檔案備份，Crontab 是 Linux 內建的工作排程工具，在第六章第 126 頁的 Project 27 已介紹過：

```
$ sudo crontab -e
--snip--
# m h  dom mon dow    command
0 0 * * 1 duplicity /home/user rsync://user@server_ip//path/to/folder/
0 2 1 * * duplicity full /home/user rsync://user@server_ip//path/to/folder/
```

Crontab 應用程式的選項 -e 代表你要編輯 cron 檔案、以及由 cron 維護的排程作業。本例中在 Crontab 所顯示的命令，會排程於每天午夜執行 duplicity，建立遞增式備份，同時強制在每個月一號的凌晨兩點建立一份完整備份。

還原 duplicity 的備份

使用以下命令即可從 duplicity 所建立的備份中還原：

```
$ duplicity restore file:///tmp/ /home/user/backup_folder_name/
```

輸入 restore 命令，加上來源和目標路徑，就可以把所有檔案從備份集中還原回到指定的位置。

必要時，還有些選項則可以從備份集指定要還原的特定檔案和資料夾。示範如下：

```
$ duplicity -t 3D --file-to-restore /home/user/Documents/test.txt \
    file:///tmp/ /home/user/Documents/restored_file
```

我們在這道命令中執行了 duplicity，並令其還原 *test.txt* 的某個版本（這是緊接在引數 --file-to-restore 之後指定的），另外以 -t 3D 參數指出要還原的時間點是三天前，備份則位在本地系統的 */tmp/* 資料夾，還原而來的檔案要放到 */home/user/Documents/* 資料夾。至於其他還原檔案選項的詳情，請參閱 duplicity 的文件說明。

其他關於 duplicity 的考量

duplicity 工具程式還具備許多強大的選項。你也許會想把特定的檔案或資料夾從備份來源中排除；譬如在建立使用者資料備份時，通常會排除系統資料夾。這時可以用 --exclude 引數來排除檔案和資料夾：

```
$ duplicity --exclude /proc --exclude /mnt / file:///tmp/
```

一旦備份完成，請以 verify 參數驗證，同時將原本備份命令中的來源和目的地位置倒換過來，藉此確認備份是否成功：：

```
$ duplicity verify file:///tmp/ /home/user/
Local and Remote metadata are synchronized, no sync needed.
--snip--
Verify complete: 325 files compared, 0 differences found.
```

要是輸出顯示無誤，備份就是成功了。

有時候你會想刪除較舊的備份，也許是該備份已經無用、或只是純粹需要釋出空間存放新的備份。首先請用 collection-status 參數檢視備份集裡既有的備份：

```
$ duplicity collection-status file:///tmp/
--snip--
Collection Status
-----------------
Connecting with backend: BackendWrapper
Archive dir: /home/user/.cache/duplicity/c2731c0788339744944161fd8afb74dd

Found 1 secondary backup chain.
Secondary chain 1 of 1:
------------------------
Chain start time: Wed Oct 20 19:53:09 2022
Chain end time: Wed Oct 29 20:11:39 2022
Number of contained backup sets: 2
Total number of contained volumes: 2
 Type of backup set:                        Time:      Num volumes:
             Full           Wed Oct 20 19:53:09 2022              1
       Incremental          Wed Oct 29 20:11:39 2022              1
------------------------

Found primary backup chain with matching signature chain:
------------------------
Chain start time: Wed Oct 20 20:11:53 2022
Chain end time: Wed Oct 20 20:11:53 2022
Number of contained backup sets: 1
Total number of contained volumes: 1
 Type of backup set:                        Time:      Num volumes:
             Full           Wed Oct 20 20:11:53 2022              1
------------------------
No orphaned or incomplete backup sets found.
```

一旦你得知備份集裡有多少份備份存在、以及其存在時間，就可以按照時間刪除較舊的備份了：

```
$ duplicity remove-older-than 3D file:///tmp/
```

3D 代表超過三天的備份。

也可以將特定份數的完整備份全都移除：

```
$ duplicity remove-all-but-n-full 1 file:///tmp/
```

這裡的 1 會讓 duplicity 知道，它應該刪除備份集裡的所有備份、但只留下最近的一份完整備份。請參閱 duplicity 的說明文件，熟悉建立、還原或刪除備份的各種可用選項。

雲端備份解決方案

雖說 Google Drive 和 Dropbox 等雲端服務嚴格來說不算是真正的備份，但它們卻可當成是本地資料位於雲端的次要副本（彷彿外地備份一般），或是位在其他系統的第三份副本，甚至還能替每個檔案維護一份版本紀錄——它們能夠經常執行這一切動作。大部分這些服務還附帶某種程度的免費儲存空間，因此你可以先試用，如果覺得有用，再繼續升級為付費版本。

Google Drive 與 Dropbox 通常是設計用來分享檔案、以及便於線上協作用的，備份資料並非其原始用途。如果改用真正用來備份資料的服務，雖然不是免費的，但通常會提供更多功能，並能更仔細地控制，儲存成本也較低。Backblaze 和 Carbonite 便是兩款可靠的雲端備份服務，它們會加密你的資料，並利用安裝在你電腦上的用戶端應用程式自動進行備份。Backblaze 可以備份檔案，Carbonite 甚至還能備份整套電腦。一般來說，你應該尋求可以同時在靜止儲存及傳輸過程中都會進行資料加密的服務。Carbonite 和 Backblaze 目前都支援 Mac、Windows 和 Linux。

Backblaze

如果你想要使用任何可以在設定完畢後便放著不用多管的備份解決方案，Backblaze 是絕佳選擇。一旦下載並安裝完畢之後，它立即便會開始把你的檔案備份到 Backblaze 的雲端伺服器，除非你另有指示，不然它就會持續進行備份。它唯一會自動排除在外的資料，是虛擬機器的檔案和資料夾，但你也可以自行將其從例外清單（exclusions list）中移除。你不但可以備份電腦內部硬碟，還能備份任何外接磁碟。Backblaze 會維護前 30 天的任何檔案版本，若你願意付費，最長甚至可以延長到一年以上。你可以從應用程式本身（如圖 9-5 所示）、網頁介面、行動 app 來還原檔案，甚至可以讓 Backblaze 將檔案放在 USB 隨身碟上，再郵寄給你。

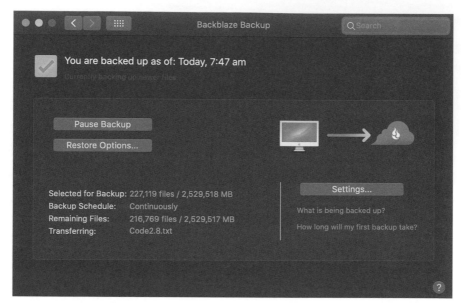

圖 9-5：Backblaze 的 GUI

Backblaze 提供的安全功能也是值得考量的亮點。你的檔案會先由應用程式在本地端進行加密，再以 SSL 傳送至雲端（加密傳輸），然後以加密形式存放在 Backblaze 的伺服器上。更棒的是，你可以設置自己的加密金鑰，這樣就連 Backblaze 都無法解密你的資料，這又進一步提升了複雜性，使得外來者更難取用你的加密資料。你也可以實施兩階段認證，這樣一來，除了你自己的密碼、你的加密金鑰、還有你的電郵信箱以外，任何人（包括你自己）若想取用你的資料，都需要再取得一個單次密碼（one-time password）。這些功能加在一起，任何想要取用你的資料的第三者都必須通過層層防衛關卡。此外，Backblaze 還是最便宜的雲端備份解決方案之一。

Carbonite

如果你希望備份服務廠商能在你遇上重大災難之後還能還原整部電腦，Carbonite 會是可行解決方案之一。在最極端的狀況下，像是被勒索軟體攻擊時，能夠在還原關鍵檔案之外，還能連同電腦的作業系統設定和組態一併還原，是非常有利的，因為你可能會發現整個作業系統都已受損而無法操作。Carbonite 分成幾種等級的計費方案，你可以選出符合自身需求的還原等級。Carbonite 跟 Backblaze 一樣，會在本地端先加密所有需要備份的資料，再以 SSL 送到雲端，並以加密形式存放在 Carbonite 伺服器上。依照你選擇的備份方案，它可以備份外接硬碟，並提供無限量的雲端儲存（視狀況）。Carbonite 同時也會無限期保存你的備份檔案，而且不會刪除超過 30 天的檔案版本。

一旦你下載並安裝應用程式（如圖 9-6），它就會自動開始上傳首次備份的資料。你可以指定要納入或排除哪些檔案。

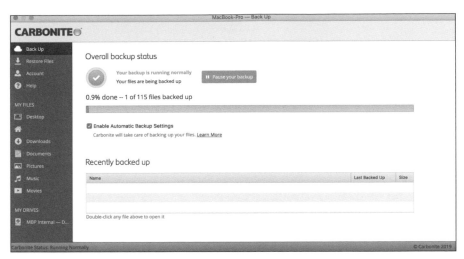

圖 9-6：Carbonite 的 GUI

Carbonite 和 Backblaze 一樣，會在背景端運作，並持續備份你的資料。當你要從備份中還原檔案時，可以透過應用程式進行。它不提供網頁式介面或行動 app。

虛擬機器的快照

虛擬機具備許多實體電腦所缺乏的優點。它們可以共享硬體（處理器及 RAM），開機或重啟都很迅速，而且可以視特定目的以恰到好處的資源建置。最棒的是，可以建立快照（*snapshots*）。

虛擬機器的快照其實就是特定時間點的虛擬機副本。一份快照通常含有虛擬機在拍攝快照當下的一切相關資訊，包括電源狀態（開啟、關閉或暫停、虛擬記憶體的內容、以及虛擬磁碟的內容等等。

每當你對虛擬機器做出重大調整時，最好是能事先建立機器快照，以防你的變動把虛擬機器搞掛。在可能導致機器動彈不得的變動前先製作快照，讓你有機會可以把機器倒回到已知良好的組態，就像根本沒變動過那樣。這就像是現實中的倒退播放鍵一樣。

所有主流的虛擬機器軟體（像是 VMware、VirtualBox 和 Hyper-V）都有辦法為自己管理的虛擬機器建立快照。圖 9-7 顯示的就是 VMware 的 Snapshot Manager。

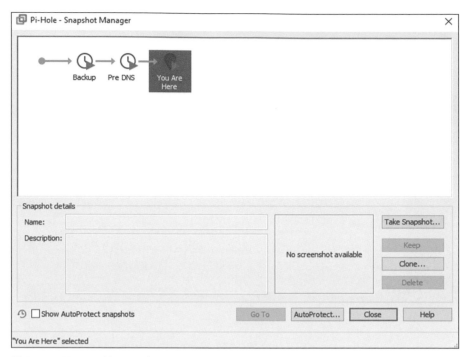

圖 9-7：VMware 的 Snapshot Manager

你可以在 Snapshot Manager 裡用 Take Snapshot 按鍵建立新的快照，或是返回到特定快照（亦即將虛擬機器倒退回到該快照拍攝的那一刻），或是刪除或複製快照，或是啟用 AutoProtect 這個會定期製作快照的功能，以便你可以回到過去曾製作快照的任一時間點。大部分的 hypervisor 都支援快照，只不過設定和選項略有出入。

雖說快照算不上是真正的備份，它在復原為有效的虛擬機組態這方面確實十分有用。你不該以快照作為唯一的備份手段，但將其列入備份策略的一部分則確有必要。將所有虛擬機檔案納入備份策略，才是合理的解決方案。

測試和還原備份

一旦建立了備份策略，最重要的資料也都經常進行在地和外地備份，重點就剩下定期測試備份了。如果你真的遇上資料遺失，並嘗試從備份還原時，卻發現備份已經損壞，那你的備份策略便只是一張廢紙而已。

要在 Windows 中還原檔案，請打開 **Backup and Restore** 選單。點選 **Restore My Files** 或是 **Restore All Users' Files**。你可以用 Browse for Files 或是 Browse for Folders 選項檢視備份內容。也可以在這個選單中搜尋備份內容。

要用 Time Machine 在 Mac 上還原檔案，先瀏覽你要還原檔案的資料夾，例如 Documents 或 Downloads 資料夾。打開 Time Machine，然後用方向鍵和時間線（timeline）瀏覽至可用的本地快照和備份。選出你要還原的項目，並點選 **Restore**。其中可以是檔案、資料夾、或是你的整顆磁碟。還原項目會回到電腦中原本的位置。

要以 Carbonite、Backblaze 或任何其他解決方案來還原檔案，請打開相關的網頁入口或應用程式的 GUI。然後找出要還原的檔案或資料夾，並依照指示進行。

在你初次建立任何系統的完整備份後，請隨機測試還原其中若干檔案或資料夾。若能測試一些較大的檔案會更有價值，因為檔案越大、備份半途失敗的機會也越大。如果你能還原示範用資料而且一切似乎都正常，就設定一個提醒時間，在一週後再來演練一次，然後是一個月後再來一次。如果所有的還原測試都順暢無誤，就可以決定要隔多久來測試一回備份。每隔一至六個月測試都算得上合理。

完成測試後，備份策略才算是完備和經過考驗，確信能從資料損失或災難等事件中復原。

總結

本章探討過的解決方案可以適用於大多數的狀況，但並不保證完全合乎你的需求。在尋求備份解決方案時，請確認你所選擇的對象能支援你的作業系統，並且能針對你所需的資料建立備份（而非其他資料），還有要能建立你需要的備份類型。它應該還要能依時間表自動地或是經常地建立資料備份。最後，務必確認備份完後還能在合理的時間範圍內從中還原資料，並且還原的資料正確度必須分毫不差。

10

透過偵測與警示來監控網路

網路監控可以即時地目睹網路動態，讓你在潛在威脅之前搶先一步（理想上）阻擋外來者，避免他們進行任何破壞行動。監控網路是件艱難的任務，因此警訊通常都會是最有用的調查起點。若缺乏有意義的警訊，網路監控便有如大海撈針——因為你得在龐雜無比的資料集中辨識出真正的惡意行動。

先前架設的防火牆、proxy、防毒、以及其他解決方案，都應該先至少運作足月，你才能真正開始嘗試主動地監控主機和網路流量，這是因為要確認前述各解決方案都能正常運作。到目前為止，所有事物都只能算是以被動形式運作；因為一旦設置完畢，除非是要更新或變動組態，你都不需要再提供進一步的輸入了。

有鑑於此，主動式的監控及警示就要耗費相當的時間與心力——不僅要實作、還得要維護，當網路持續擴充時更是如此。你不但需要經常地檢查網路監控軟體是否已識別出任何威脅或不尋常的行為，還得調查此類行為，甚至還得設法平抑已辨識出來的動作。隨著網路規模成長，光是監控一事就可能需要一位以上的專職人力。

本章將傳授各種知識與工具，俾以有效地監控網路，並警示各種可疑行為。我們會探討在你的網路中實作網路流量存取點（traffic access points，TAP）和交換器通訊埠分析儀（switch port analyzer，SPAN）的方法、時間及場所，以便對網路流量進行捕捉、監控和分析。最後，我們會以 Security Onion 建置一套網路監控設備——這是一套免費的網路安全監控工具——並探討如何充分運用其內建功能。

網路監控手法

要即時監控網路流量、或是要能事後分析及發出警示，有好幾種手法可用。至於選擇何種手法，端看網路硬體而定，因為每一種裝置的功能互有出入。我們會在以下的小節中探討其中兩種最常見的手法。

網路流量存取點

在小規模的網路中，常常是沒有交換器存在的餘地，這時便可安裝一個網路流量存取點（*traffic access point，TAP*）來監控流經過它的資料。TAP 算是某種串聯裝置，它位於兩個網路節點之間；就像是兩個裝置之間既有傳輸媒介（譬如 Ethernet 纜線）的延伸。在圖 10-1 中，TAP 就位於防火牆和路由器中間。

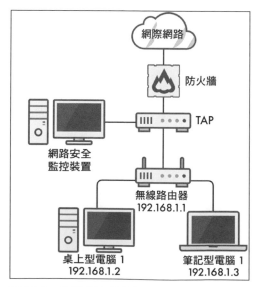

圖 10-1：網路 TAP 的位置

在這種組態中，所有在路由器及防火牆之間流動的流量，都會被 TAP 送往監控裝置以利分析。

TAP 與入侵偵測系統

將 TAP 搭配入侵偵測系統（*intrusion detection system*，IDS），可讓管理員據以識別出入內及出外的可疑動作。所謂的 IDS，指的是一種軟體或硬體工具，能透過一組規則或特徵（signatures）來識別已知的惡意行為。當 IDS 在你的網路流量中辨識出某些可疑事物時，便會產生警訊供你調查，並據以判斷是否確為惡性（真正命中）或是良性（benign，誤中）。你可以事後忽略警訊，或是採取行動應對問題，這些稍後都會詳談。

在放置 TAP 時，請考慮你實際上要觀看及調查的內容。在圖 10-1 所示的組態中，你捕捉的是端點和防火牆之間的所有流量（即網路邊界）。監看主要外出的位置，即可調查像是資料外洩的事件，亦即外來者嘗試透過將資料外流來達到竊取的目的。但是這種組態並不能看出端點裝置彼此之間的流量，這是因為該流量已由無線路由器自己處理掉了，不會經過 TAP 之故。

你若是將 TAP 置於防火牆後方（與網際網路相對的一側），你就無法看到企圖從網際網路進入內部網路的流量，因為這早被防火牆擋下了。但若是將 TAP 置於防火牆前方，你反而又看不到要離境外出但卻也被防火牆擋下的那部分流量；同時安全監控系統也會失去防火牆提供的保護，成為進入你網路的捷徑。請挑選適合你的場景，並據以安放 TAP。大多數情況下最好是把 TAP 放在防火牆後（位於內網），並檢視防火牆日誌來瞭解 TAP 看不到的部分內容。

TAP 屬於串聯設備。因此要注意的是，萬一 TAP 故障或離線——譬如其中任一有限的網路埠故障——你的全部網路都會癱瘓上不了網。內部端點仍可經由路由器互相通訊，但流量卻再也無法通過 TAP 外出。

坊間有許多價美物廉的 TAP。其中之一便是 *Dualcomm ETAP*。這類 TAP 可行的組態之一，便是將其接上圖 10-1 中防火牆的某個串接埠 A、同時再接到無線路由器的串接埠 B，再用另一條纜線接上網路安全監控裝置的監控埠（下一小節便會說明）。這樣的組態會讓流量毫無影響地通過 TAP，但其內容卻已全數攔截，並交由網路安全監控系統進行監控和分析。

交換器通訊埠分析儀

另一項替代網路 TAP 的方式,便是所謂的交換器通訊埠分析儀(*switch port analyzer*,*SPAN*),或者說是交換器提供的鏡像埠功能(兩者通用)。SPAN 的作用其實和 TAP 一樣;它把所有通過交換器來源埠的流量都映射(或者說是複製)到目標 SPAN 埠。然後將你的網路安全監控系統接到 SPAN 埠,藉以捕捉網路流量進行分析和警示之用。現代的交換器都可以針對多個來源埠設置 SPAN 組態,以便在交換器上捕捉來自任一通訊埠的資料。

小規模網路中的 SPAN 組態約莫會像圖 10-2 所示,防火牆或其他系統會為端點提供 IP 位址。每一部主機都用乙太網路連接到交換器的某一個通訊埠上,然後網路安全監控裝置則是接到交換器專門設置的 SPAN 上。與 TAP 不同的是,就算交換器上的某個通訊埠故障,也不會影響網路其他部分運作,但若是整顆交換器因斷電而離線,則整個網路仍會隨之停擺。

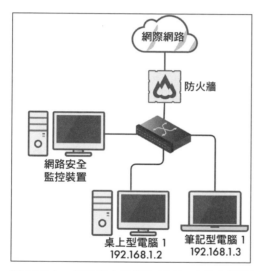

圖 10-2:一個具備交換器和 SPAN 埠的小規模網路

SPAN 與 TAP 組態不同之處,在於它一旦設置在交換器上,你就可以捕捉並分析電腦之間的流量,而不僅限於外出與入內的資料。然而你還是會面臨設置位置的問題;當交換器位於防火牆內側(原應如此),你的安全監控系統便無法檢視已被防火牆擋住的流量。

#35：設置一個 SPAN 通訊埠

要在一顆管理型交換器上設置 SPAN 埠，以第二章的 Netgear 交換器為例，步驟如下：

1. 以管理者身分登入交換器。

2. 選擇 **System ▸ Monitoring ▸ Mirroring**。

3. 看到 Port Mirroring Configuration 表時，點選你要進行捕捉網路流量的來源通訊埠。已選的埠會被打勾。

4. 在 Destination Port 下拉式選單中，輸入要作為 SPAN 埠的通訊埠，這會是用來連接安全監控系統的埠。

5. 最後在 Mirroring 下拉選單中點選 **Enable ▸ Apply**。

不論你是選擇 TAP 或是帶有 SPAN 埠的交換器，你都需要一套網路監控解決方案，用來彙整蒐集到的資料。目前針對小型網路的最佳解決方案，非 Security Onion 莫屬，它具備各種能夠捕捉及彙整網路資料的元件，讓你可以迅速分析資料。

Security Onion

Security Onion 是一套開放原始碼的平台，專門用於威脅追蹤、網路安全監控、以及日誌管理。它其實是一套作業系統，就像 Ubuntu 一樣，其中包含了數種開放原始碼工具，我們接下來就會用它來監控網路中的安全及組態問題。

Security Onion 裡的工具包括了 suricata 這個入侵偵測系統，以及 zeek 這個會分析網路流量以便識別異常行為的軟體框架。Grafana 則是一系列的視覺效果看板，可以用來監控 Security Onion 系統的健康，而 osquery 則會蒐集關於網路中所有端點的資料，以及端點執行的作業系統，以便進行分析。Wazuh 則與 osquery 相仿；它屬於需要靠代理程式運作的工具，代理程式會從端點蒐集可供分析的資料，同時也可用來偵測端點是否仍在活動中並可回應（這在安全事故中會很有用）。最後的 Strelka 則是一套即時檔案掃描工具，它會分析網路流量並掃描在網路上行進的任何檔案；這在辨識惡意軟體或資料外洩時十分有用。

在以下的場景中，我們將會探討如何以 Security Onion 及其內建工具來建置你的網路安全監控系統。我們會探討如何運用這些工具展開網路監控，以及如何在發生問題時進行分類和調查。你可以選擇是要購買或自行建置你的 Security Onion 設備。Security Onion Solutions 提供預先配置好的設備，只須拆箱取出便可使用。

#36：建置一套 Security Onion 系統

要建置一套 Security Onion 系統，你需要一套具備至少兩張網路卡的裝置：一個是管理介面、另一個是捕捉介面（連接 TAP 或 SPAN）。我們會採用一套 Intel 的 NUC（一種小尺寸的運算單元），它具備兩個 Ethernet 埠，客製化程度甚高，也具備多種價位，適合各種預算需求。以下是 Security Onion 文件中敘及的起碼硬體規格：

- 12GB 的記憶體
- 四個 CPU 核心
- 200GB 的儲存空間
- 兩個網路介面

另一項額外需要考慮的是所需的儲存空間。以具備內部儲存空間 2TB 的 NUC 為例，大約夠你儲存約三週的資料，確實的長度還要看你的裝置數量、使用者數量、以及網路流量而定。一旦超過，資料就會進入循環，較舊的資料會優先被刪除。若要為網路提供較佳的事件反應能力，則能儲存的資料自然是多多益善。如果你在網路上發現外來者已經潛伏一年，但你手上只有一個月的資料，便無從判斷根本原因，這樣便更難徹底驅逐對方及防範再度遭到入侵。

一旦你手邊有 NUC（或是類似裝置），就可以安裝 Security Onion。這時最好先把你打算用來管理用的網路埠（不是用來監聽網路流量的那個埠哦）接上網路，這樣才能設定組態。哪一個網路埠要用來管理或是捕捉流量都無妨。這個裝置會需要一個固定 IP 位址，而且雖然你可以在裝置上設定，最好還是在你環境中的路由器或任何負責配發 IP 的裝置上（譬如無線路由器或是 pfSense 裝置）為它設定靜態位址對應。把 NUC 的管理埠（只有這個埠）連上網路，有助於在安裝及設定軟體時更容易辨識網路埠。完成這個過程之後，可以另外再設定捕捉用的埠。現在你應該替管理介面設定靜態 IP 位址，因為我們安裝的部分代理程式都會需要用到這個位址，因此該位址若事後有變化，會造成一些麻煩。

安裝 Security Onion

你可以用 ISO 檔案直接安裝 Security Onion（可以從 Security Onion Solutions 直接下載，網址在 *https://securityonionsolutions.com/software/*），或是以 CentOS 7 為基礎作業系統，再手動安裝 Security Onion 套件，就像 Linux 環境中的一般應用程式那樣（注意 CentOS 7 是 Security Onion 唯一支援的作業系統）。利用 ISO 檔案安裝的辦法，可以簡單迅速地建置起 Security Onion 系統，而手動安裝則要多費一點手腳。但是手動安裝卻可以讓你更深入掌控系統細節，像是磁碟分割等等。如果你有意如此，請選擇手動安裝。如果你懶得事必躬親，請改以 ISO 檔案來安裝 Security Onion。

從 ISO 檔案安裝 Security Onion

先到 Security Onion Solutions 下載最新的 ISO，並遵照第一章當中「建立實體的 Linux 系統」一節所述的程序，以 ISO 檔案建立可開機的 USB 隨身碟。再把這支可開機的 USB 隨身碟插上 NUC，把 NUC 開機，你就會看到 Security Onion 的安裝精靈。請依照以下步驟完成安裝：

1. 安裝精靈會提示你安裝 Security Onion 時一定會覆蓋所有資料和分割區。請鍵入 **yes** 並按下 ENTER 接受，並開始安裝。

2. 看到提示時輸入管理員的使用者名稱；然後按下 ENTER。

3. 輸入足夠複雜的使用者密碼；然後按下 ENTER。

4. 重複輸入密碼確認無誤；然後按下 ENTER 開始安裝。

5. 一旦安裝完畢，電腦會重新開機。請以新建的身分登入，這時會跳出 Security Onion 的設定精靈。按下 ENTER 繼續進行。

6. 使用方向鍵選擇 **Install**，以便執行標準的 Security Onion 安裝；然後按下 ENTER。

   到此 Security Onion 的安裝過程已算完成，不論是用 ISO 檔案安裝、還是手動安裝，過程都是一樣的。請跳到第 161 頁的「完成 Security Onion 的安裝」一節。

手動安裝 Security Onion

你可以完全從頭開始安裝 Security Onion，先在你的 NUC 上安裝 CentOS 7，然後在上面安裝 Security Onion 套件及工具。步驟如下述：

1. 從 *https://www.centos.org/* 下載最新的 CentOS 7 ISO 檔案（正確格式應為 x86_64）。

2. 遵照第一章當中「建立實體的 Linux 系統」一節所述的程序，以 ISO 檔案建立可開機的 USB 隨身碟。

3. 再把這支可開機的 USB 隨身碟插上 NUC，再以 USB 把 NUC 開機。你就會看到幾個選項；請選擇 **Test this Media & Install CentOS 7**。

4. 此時會出現一個圖形化的安裝精靈。選擇你偏愛的語言並點選 **Continue**。

5. 設定正確的時區和鍵盤佈局。

6. 在 Software Selection 畫面，建議你選擇 **Server with GUI**，以便於管理。

7. 在 System ▸ Installation Destination 畫面，選擇你打算安裝 Security Onion 的內部磁碟，然後選擇 **I Will Configure Partitioning**。點選 **Done** 以便進入 partitioning 精靈。partitioning 會定義硬碟的儲存空間分割方式，分別給系統上的使用者和應用程式使用。

8. 選擇 **LVM Partitioning** 並建立以下分割區：

   a. */boot*：CentOS 會從這個分割區開機；它應該至少要有 500MB 的空間。

   b. */boot/efi*：這是 boot 分割區的一部分；它也應該至少要有 500MB。

   c. /：檔案系統的根位置；至少要有 300GB。

   d. */tmp*：暫存檔案用；至少要有 2GB。

   e. swap：置換檔案專用；應該要有 8GB。

   f. */home*：任何使用者檔案所屬空間；至少要有 40GB。

   g. */nsm*：專供所有安全工具和捕捉的資料存放；剩餘的空間都應該指派給它。

9. 點選 **Done** ▸ **Accept Changes** 將異動內容寫入磁碟。

10. 點選 **Begin Installation** 安裝作業系統。

11. 設定你的 root 密語，再於後續畫面中建立一個非 root 的管理用帳號。如果你要以 **SSH** 連接此系統，請確認你的管理用帳號已採用足夠複雜的密碼。

12. 一旦安裝完畢，關機並拔下安裝用的 USB。然後開機進入你的 CentOS 作業系統。

13. 接受授權資訊。

14. 你可能還得啟用網路卡。點選 **Network & Host Name**，把網路按鈕切換成 **On**，然後點選 **Done**。

15. 點選 **Finish Configuration**。

裝好 CentOS 後，接著就要安裝 Security Onion。首先以 SSH 連進伺服器、或直接登入。切換到初始設定時建立的 /nsm 分割區：

```
$ cd /nsm
```

用 **sudo yum install** 安裝 Git（管理軟體的應用程式），然後執行 **git clone** 下載 Security Onion：

```
$ sudo yum install git -y
$ sudo git clone \
    https://github.com/Security-Onion-Solutions/securityonion
```

（Ubuntu 屬於 Debian Linux 體系，管理軟體套件時使用的是 apt 工具程式，但 CentOS 屬於 Red Hat Linux 體系，使用的工具是 yum。）

瀏覽新建的 securityonion 目錄，執行設定用的命令稿：

```
$ cd /nsm/securityonion/
$ sudo bash so-setup-network
```

執行此一命令稿，開始讓互動式安裝精靈引導你完成 Security Onion 伺服器的起始設定和組態。

完成 Security Onion 的安裝

現在作業系統的基本組態已經完成，該來安裝及設定監控和分析網路流量要用到的工具了。Zeek 是一種安全監控平台，它讓你可以更有效率地分析網路流量，並自動對網路上的可疑動作示警。它透過一組規則集來達成任務，其中含有與可疑或惡意動作、軟體及網路流量有關的資訊，就像你即將要用到的 ETOPEN 規則集。

無論 Security Onion 是以何種方式安裝，都請遵循以下步驟完成整個安裝程序：

1. 按下 ENTER 繼續通過歡迎畫面（並進行到後續的其他所有畫面）。

2. 在 Installation Type 畫面，用方向鍵瀏覽到 STANDALONE，按下空格鍵選擇此一選項。

3. 如果你是從 ISO 檔安裝 Security Onion，請在次一畫面選擇 **Standard**，指出這部機器是有網際網路連線的。

4. 如果你是手動安裝 Security Onion，請在次一畫面鍵入 **AGREE** 接受 Elastic License。

5. 在下個畫面，保留預設的主機名稱，也可以把它改掉（在超過一部伺服器的大規模安裝時，改掉主機名稱絕對有必要）。如果它提示要更改主機名稱，務必照做。

6. 在下個畫面，輸入與這部電腦有關的簡短說明，或留空跳過也無妨。

7. 在網路卡組態頁面，就像圖 10-3 所示，請選取旁邊有 *Link UP* 字樣的那一個介面來作為管理介面。此刻它應該是唯一接上網路的介面。

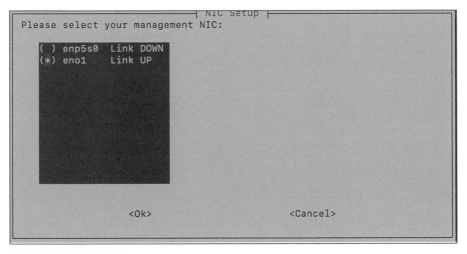

圖 10-3：NIC 設定精靈

8. 按下空格鍵指定監控用介面。

在管理介面的頁面，你會收到關於使用 DHCP 的錯誤訊息；只要你為此一裝置設定了靜態位址，就可以忽略這道訊息。

9. 當你被問到這部電腦如何連接網際網路時，請選擇 **Direct**。

10. 在 OS Patch Schedule 頁面選擇 **Automatic**，讓作業系統會自動去更新。

11. 指定家用網路的位址範圍，如第一章所述。如果你的網路使用 10.0.0.0/8 來定址，請讓它留在框中，並刪除其他兩個子網路。如果你的網路使用的是 192.168.0.0/16 定址，就保留這一段並刪除其他兩個子網路，依此類推。

12. 被問到要安裝何種 manager 時，請選擇 **BASIC**。

13. 選擇 **ZEEK** 作為產生中介資料（metadata）的工具。

14. 選擇 **ETOPEN** 作為 IDS 規則集，以便據以產生警訊。

> **NOTE** ETOPEN 是一組開放原始碼的規則集，它會經常更新新進的威脅或警訊。ETPRO 和 TALOS 都和 ETOPEN 相仿，但它們要訂閱才能取得。小型網路只需 ETOPEN 就夠了。

15. 精靈接著會詢問要安裝 Security Onion 工具套件中的哪些部件。請選擇 **Osquery**、**Wazuh** 和 **Strelka**。

16. 如果你被問到要不要保留預設的 Docker IP 範圍，請選擇 **Yes**。

17. 為 Security Onion 管理員輸入你的電郵信箱。

18. 為你的帳號輸入密碼兩次。

19. 被問到要如何存取網頁介面時，請選擇 **IP**。

20. 為使用者帳號 *soremote* 設置一個夠複雜的密語（以便執行某些管理動作）。

21. 選擇 **BASIC**，以建議的設定安裝網路安全監控元件。

22. 鍵入 **2** 作為 Zeek 和 Suricata 程序的數量。

程序的數量決定了你的系統能處理多少網路流量。兩個程序對小型網路已經足夠；必要時還可以修改這個值。

23. 如果問到是否要設定 NTP 伺服器，請選 **Yes**。網路校時協定（Network Time Protocol，NTP）會讓端點的時間同步。最好是讓你的監控伺服器與時間伺服器保持時間同步，避免時間偏移，偏移會在對警訊除錯時造成困擾。請瀏覽 *https://www.ntppool.org/* 挑選你所在地區的 NTP 伺服器，讓你的 Security Onion 伺服器能同步時間。

24. 選擇 **NODEBASIC**。

25. 被問到如何設定系統防火牆、好讓所有已安裝工具都能允許操作時，請按下 ENTER 執行 **so-allow**。

當你被問到要讓哪些 IP 位址取用你的網路監控系統時，可以選擇只讓單獨一部電腦或裝置能存取你的 Security Onion 網頁介面，或是允許任何來自你網路中的主機。基於安全目的，你只允許從單一 IP 位址存取。

26. 輸入你要允許的 IP 位址；然後按下 ENTER。

27. 最後，按著 TAB 鍵選擇 **Yes**，接受剛剛建立的組態；然後按下 ENTER 鍵結束設定精靈，並提交所有變更內容。

NOTE Security Onion 和其中某些工具，譬如 Zeek，都能以叢集組態運作，這時代理程式會裝在多部系統上，以強化資料蒐集和處理。在小型網路中，單機系統便已足夠。對於具備多個網路區段和交換器的大規模網路，叢集組態才有用武之地。

安裝的尾聲，畫面上會顯示可以存取 Security Onion 網頁介面的網址；請記下來（它應該會是 *http://<your_server_ip>/*）。系統會重新開機。一旦它啟動完畢，你就可以用先前輸入的電郵和密語從以上網址登入。要測試 Security Onion 組態，請這樣執行：

```
$ sudo so-status
```

這個命令會列出 Security Onion 正在執行的工具，以及每個工具的狀態，如果一切無誤，每一個應該都是 OK。

萬一有任何服務未能啟動，請等上幾分鐘再重新執行狀態檢查命令。如果仍舊無法啟動，請試著以下列命令手動啟動服務：

```
$ sudo so-servicename-stop
$ sudo so-servicename-start
$ sudo so-servicename-restart
```

萬一還是無法啟動這些服務，就再重開一次電腦。如果還是失敗，就再安裝一遍 Security Onion。

一旦你可以進入 Security Onion 的主控台，就會在左側看到選單，其中列出了所有可以使用的工具（如圖 10-4）。

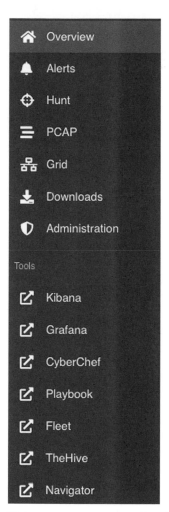

图 10-4：Security Onion 的工具們

在此請點選 **Kibana**，然後就會出現一個新的瀏覽器分頁。你應該只會看到極少量的紀錄，因為你還未把裝置的捕捉埠接上網路。

請把這個埠接到先前安置好的 SPAN 或是 TAP。一旦完成，請等幾分鐘再更新頁面，就會看到 Kibana 繪製的新進資料。

#37：安裝 Wazuh

Security Onion 的額外工具可協助你掌握正在網路上發生的事情，並採取應對行動，像是在問題發生時展開調查、平抑或是修復。Wazuh 便是套件之一。

Wazuh 是一款開放原始碼的*端點偵測和響應*（*endpoint detection and response*，*EDR*）平台，它會監控你的端點有無惡意動作，並在 Security Onion 的主控台示警，還能提供事件反應能力，包括阻斷網路流量、停止惡意程序、以及隔離惡意軟體檔案等等。

運用像是 Wazuh 這樣的代理程式可能會有所爭議。在規模較大的網路中，經常有許多正在進行的動作會在網路上製造新的內容，尤其是在涉及所有系統時，這麼大量的內容就有可能引起穩定性問題、或是對原本就有限的資源（例如頻寬）產生壓力（甚至惡化）。這對小型網路通常不構成問題，因為並不會需要在這麼多裝置、使用者或程序之間共享容量，故而通常也不會有這麼多解決方案要爭奪資源。

安裝 Wazuh 並不會對你的小型網路日常運作造成太大的影響。但相對地，你從額外的監控和安全性所獲得的價值，卻遠比任何使用多種代理程式的副作用還要值得。到頭來，還是要看你自己的決定，是只在少數網路端點上安裝代理程式、還是全面部署。你涵蓋的範圍及網路監控越完備、你的網路可能就越安全。

這個小節會說明如何在 Windows、macOS 和 Linux 上安裝 Wazuh 的代理程式。

在 Windows 上安裝 Wazuh

要在你的 Windows 端點上安裝 Wazuh 代理程式，步驟如下述：

1. 登入 Security Onion 主控台，點選左側選單的 **Downloads**。

2. 點選 **MSI** 安裝代理程式選項，下載正確的安裝檔；然後在你的 Windows 電腦上執行下載來的執行檔。

3. 接受授權協議並點選 **Install**。

4. 一旦安裝完畢，勾選 **Run Agent Configuration Interface** 框並點選 **Finish**。

5. 要把新系統加入到 Security Onion 中，請以 SSH 登入 Security Onion，並執行 manage_agents 命令稿。按照提示，要加入代理程式便按 A，要列出代理程式便按 L，以此來確認加入是否成功，同時以 E 匯出新代理程式需要的認證密鑰：

```
$ sudo docker exec -it so-wazuh /var/ossec/bin/manage_agents
--snip--
Choose your action: A,E,L,R or Q: A
- Adding a new agent (use '\q' to return to the main menu).
  Please provide the following:
❶ * A name for the new agent: Test
   * The IP Address of the new agent: 192.168.1.50
Confirm adding it?(y/n): y
Agent added with ID 002.
--snip--
Choose your action: A,E,L,R or Q: L
Available agents:
   ID: 001, Name: securityonion, IP: 192.168.1.49
❷ ID: 002, Name: Test, IP: 192.168.1.50
** Press ENTER to return to the main menu.
--snip--
Choose your action: A,E,L,R or Q: E
Available agents:
   ID: 001, Name: securityonion, IP: 192.168.1.49
   ID: 002, Name: Test, IP: 192.168.1.50
Provide the ID of the agent to extract the key (or '\q' to quit): 002
Agent key information for '002' is:
❸ MDAyIFJvcnkgMTkyLjE2OC4xL . . .
** Press ENTER to return to the main menu.
--snip--
Choose your action: A,E,L,R or Q: Q
manage_agents: Exiting.
```

你得提供剛剛安裝代理程式所在的名稱和 IP 位址 ❶。名稱可以用電腦的主機名稱。執行 hostname 一望便知：

```
$ hostname
Test
```

找出 IP 位址（參閱第一章的 Project 8），或是比對資產清單或網路架構圖，找出你要維護的對象。列舉代理程式時，請檢視是否出現你剛剛安裝過的代理程式的電腦名稱及 IP 位址 ❷。以代理程式的 ID 數字取得其認證密鑰 ❸。用 ENTER 鍵返回主選單，再按 Q 選項退出。

6. 在你的 Windows 電腦上打開 **Wazuh Agent Manager**（如圖 10-5），並輸入 Security Onion 系統的 IP 位址和代理程式的認證密鑰；點選 **Save**。

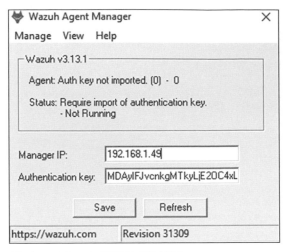

圖 10-5：Wazuh 代理程式的組態

7. 點選 **Manage ▶ Start** 以啟動代理程式。

8. 每當你添加代理程式、或是修改 Security Onion 本身、或修改與其通訊的系統時，都要執行 **so-allow** 命令稿以便打開裝置間通訊（不然 Security Onion 上的主機防火牆會阻擋）。這應該在終端機上進行，請以 SSH 登入 Security Onion 系統：

```
$ sudo so-allow
```

9. 看到提示時，鍵入 **w** 為 Wazuh 代理程式添加一條防火牆規則；然後輸入代理程式的 IP 位址。

現在 Wazuh 可以管理這部 PC 了。對於網路上所有你想用這種方式管控的節點，請重複上述過程（桌機、筆電、虛擬機等等）。系統事件日誌會開始出現在你的 Kibana 看板中，所以你會開始在 Security Onion 上看到新的資料和警訊。

在 macOS 上安裝 Wazuh

若要在 macOS 端點上安裝 Wazuh 代理程式，步驟如下：

1. 登入 Security Onion 主控台，點選左側選單的 **Downloads**，並下載 macOS 專用套件。

2. 在你的 Mac 上執行安裝精靈。

3. 一旦完成，登入 Security Onion 系統並執行 **sudo so-allow**，讓 Mac 可以穿過防火牆（這必須在代理程式登錄前完成；不然代理程式將無法連上管理伺服器）。^{譯註 10}

4. 依照提示以 **r** 鍵選擇 Wazuh 登錄服務，並輸入端點的 IP 位址。

5. 現在將代理程式登錄到 Security Onion 伺服器：^{譯註 11}

```
$ sudo /Library/Ossec/bin/agent-auth -m security_onion_IP
```

接著將 Security Onion 的 IP 位址加到 Mac 的代理程式組態檔當中，這樣代理程式才能與 Security Onion 伺服器溝通。

6. 以文字編輯器打開 */Library/Ossec/etc/ossec.conf*。

7. 找出以下各行，並將 *MANAGER_IP* 改成 Security Onion 伺服器的 IP 位址：

```
<client>
  <server>
    <address>MANAGER_IP</address>
```

8. 重啟 Wazuh 代理程式：

```
$ sudo /Library/Ossec/bin/ossec-control restart
```

9. 要確認代理程式已經設定成功，請列出在 Security Onion 伺服器上列出代理程式；執行 *manage_agents* 命令稿並在提示時按下 **L**：

```
$ sudo docker exec -it so-wazuh /var/ossec/bin/manage_agents
--snip--
Choose your action: A,E,L,R or Q: L
Available agents:
   ID: 001, Name: securityonion, IP: 192.168.1.49
   ID: 002, Name: Computer1, IP: 192.168.1.50
   ID: 003, Name: MacBook-Pro.local, IP: 192.168.1.51
** Press ENTER to return to the main menu.
--snip--
Choose your action: A,E,L,R or Q: Q
manage_agents: Exiting.
```

譯註 10 Mac 和 Linux 一樣，都是靠 agent-auth 工具從用戶端代理程式去登錄報到的，所以要先一步用 so-allow 把 Wazuh 主機端防火牆打開，登錄才會過關。這一點和上面 Windows 靠 manage_agents 登錄後，才用 so-allow 開放防火牆的方式相反。

譯註 11 這是在 Mac 端執行的。

如果你看到 Mac 的主機名稱和 IP 位址出現，代理程式便是活躍的。以 ENTER 鍵回到主選單，並按下選項 Q 退出。

在 Linux 上安裝 Wazuh

要在 Linux 端點上安裝 Wazuh 代理程式，步驟如下：

1. 登入 Security Onion 主控台，點選 **Downloads**，並下載相關套件。以 Ubuntu 來說，就得是 DEB 套件（如果是 CentOS 和 Fedora，就要換成 RPM 套件）。

   你可以直接從 Ubuntu 去下載套件，或是先下載到 Windows 或 Mac 電腦，再傳送到 Ubuntu 系統：

   ```
   $ rsync -ruhP wazuh-agent.deb user@linux_ip:/home/user
   ```

   若是直接以套件檔案（像是 .deb 檔案）安裝套件，請以 dpkg 工具程式來安裝，而不要用 APT 套件管理工具（dpkg 是 Debian package manager，用法近似 APT）。

2. 請這樣安裝 Wazuh 代理程式：

   ```
   $ sudo dpkg -i wazuh-agent_3.13.1-1_amd64.deb
   ```

   你的套件版本號碼可能會略有出入。

3. 接著請以 SSH 登入 Security Onion 系統，執行 `sudo so-allow` 允許 Linux 系統通過防火牆存取。

4. 按照提示，用 `r` 鍵選擇 Wazuh 登錄服務，並輸入端點的 IP 位址。

5. 登錄 Linux 代理程式，並將其連入 Wazuh 管理伺服器（亦即 Security Onion 伺服器）：[譯註 12]

   ```
   $ sudo /var/ossec/bin/agent-auth -m security_onion_IP
   ```

6. 然後修改 Linux 系統上的組態檔，允許它與管理伺服器溝通，把 *ossec.conf* 檔案裡的佔位字元 *MANAGER_IP* 改成 Security Onion 伺服器的 IP 位址：

   ```
   $ sudo nano /var/ossec/etc/ossec.conf
   --snip--
   <client>
     <server>
       <address>security_onion_IP</address>
   ```

譯註 12 像 Mac 一樣，這登錄動作也是在 linux 端執行的。

```
--snip--
```

7. 重啟 Wazuh 代理程式，開始將資料送往 Security Onion：

```
$ sudo systemctl restart wazuh-agent
```

8. 最後在 Security Onion 伺服器上列出已成功登錄的代理程式，確認代理程式
   設定無誤；執行 manage_agents 命令稿並在提示時按下 L 鍵：

```
$ sudo docker exec -it so-wazuh /var/ossec/bin/manage_agents
--snip--
Choose your action: A,E,L,R or Q: L
Available agents:
    ID: 001, Name: securityonion, IP: 192.168.1.49
    ID: 002, Name: Computer1, IP: 192.168.1.50
    ID: 003, Name: MacBook-Pro.local, IP: 192.168.1.51
    ID: 004, Name: Linux1, IP: 192.168.1.52
** Press ENTER to return to the main menu.
--snip--
Choose your action: A,E,L,R or Q: Q
manage_agents: Exiting.
```

9. 如果你看到 Linux 的主機名稱和 IP 位址出現，代理程式便是活躍的。以
   ENTER 鍵回到主選單，並按下選項 Q 退出。

現在你可以用 Wazuh 管理網路上所有類型的電腦了。

#38：安裝 osquery

osquery 可以提升你網路中的能見度。它會蒐集端點資料，像是作業系統細節、
已安裝的軟體、命令列的歷史紀錄、以及運行中的程序詳情等等；你可以事後
查詢這些資料，藉以辨識可疑的動作、或是與安全原則或組態不符的裝置。與
Wazuh 搭配使用時，這些工具還能提供網路上各個系統的詳情一覽，以及它們
個別的動態或用途，還有是否合乎規定。一旦安裝了 osquery，它就會透過名為
Fleet 的使用者介面來顯示和管理受監控端點的細節。

在 Windows 上安裝 osquery

要在 Window 端點上安裝 osquery 代理程式，請依以下步驟進行：

1. 登入 Security Onion 主控台，點選 **Downloads**，並下載 osquery 套件的
   Windows 版本（即 MSI 檔案）。

2. 在 Windows 系統端執行此一檔案，並完成安裝精靈。

一旦安裝好 osquery，就可以看到它在背景端執行；不需要使用者介入。

3. 接著以 SSH 登入 Security Onion 系統，並執行 **sudo so-allow** 允許你的電腦和 osquery 通過防火牆。看到提示時按下 **o**（針對 osquery）並輸入 Windows 系統的 IP 位址。

4. 若要以 osquery 檢視及管理系統，登入 Security Onion 主控台。在左側選單中點選 **Fleet** 連結，打開 Fleet Manager Dashboard。

當你在端點上安裝 osquery，並執行過 **so-allow** 啟用 osquery 代理程式與 Security Onion 伺服器之間的通訊後，你的受管理主機應該就會出現；它也許得花上幾分鐘才能展開通訊。

在 macOS 上安裝 osquery

要在 macOS 端點上安裝 osquery 代理程式，步驟如下述：

1. 登入 Security Onion 主控台，點選 **Downloads**，下載 osquery 的 Mac 專用套件（PKG 檔案）。

2. 在 Security Onion 伺服器端執行 **sudo so-allow**，將你的 Mac 加入到允許的 osquery 代理程式清單。看到提示時按下 **o**（針對 osquery）並輸入 Mac 的 IP 位址。

3. 執行下載來的檔案，在 Mac 上完成安裝精靈。

4. 登入 Fleet Manager Dashboard，點選 **Add New Host** 找到你的 Fleet Secret。

5. 用任一文字編輯器把這段 Fleet Secret 塞到 */etc/so-launcher/secret* 檔案裡。

6. 更新 */etc/so-launcher/launcher.flags*，把主機名稱改成 **security_onion_IP:8090**、根目錄位於 **/var/so-launcher/security_onion_IP-8090**：

```
autoupdate
hostname 192.168.1.200:8090
root_directory /var/so-launcher/192.168.1.200-8090
osqueryd_path /usr/local/so-launcher/bin/osqueryd
enroll_secret_path /etc/so-launcher/secret
update_channel stable
root_pem /etc/so-launcher/roots.pem
```

7. 把 Security Onion 伺服器上的 */etc/ssl/certs/intca.crt* 檔案內容複製到 Mac 上的 */etc/so-launcher/roots.pem* 檔案中。

幾分鐘後，你的 Mac 應該就會出現在 Fleet Manager Dashboard 上了。

在 Linux 上安裝 osquery

要在 Linux 端點上安裝 osquery 代理程式,請依下列步驟進行:

1. 登入 Security Onion 主控台,點選 **Downloads**,下載 osquery 的專用套件(Ubuntu 是 DEB 檔案,CentOS 是 RPM 檔案,餘類推)。

2. 在 Security Onion 伺服器端執行 `sudo so-allow`,將你的 Linux 系統加入到允許的 osquery 代理程式清單。看到提示時按下 o(針對 osquery)並輸入 Linux 系統的 IP 位址。

3. 將下載的檔案裝到 Linux 系統裡;以下用 Ubuntu 的 dpkg 為例:

```
$ sudo dpkg -i deb-launcher.deb
```

你的 Linux 系統應會自動出現在 Fleet Manager 看板當中。

網路安全監控速成課程

現在你已安裝好監控網路必要的軟硬體,可以觀察可疑和惡意活動了。你需要能辨識出何者才是真正的問題所在,並在發生事故時做出因應,同時讓網路、使用者和資料都保持安全無虞。在這個小節當中,我們要來談一些基礎知識,關於如何設定和運用 osquery、Wazuh 和 Security Onion 的 Alerts Dashboard。

使用 osquery

如果你已很熟悉關聯式資料庫和結構化查詢語言(*Structured Query Language*,*SQL*),那麼對你來說,要運用 osquery 是小菜一碟。萬一你還不熟悉這兩項技術,以下是若干基本須知。你可以在 Fleet Manager Dashboard 檢視網路上所有由 osquery 所管理裝置的資料。要檢視看板,需先登入 Security Onion 主控台,網址應該是 *https://<security_onion_IP>/*,點選左側管理者選單中的 **Fleet**。

資料一律儲存在一系列的資料表當中,每個資料表都含有兩個以上的欄位(有時亦稱為 *tuples*),其中包含了像是每一部裝置的主機名稱、IP 位址、MAC 位址、上線時間、先前關機時間等資訊。資料表中的每一行都代表某一部桌機或筆電的一筆特定資料,或是某種更精巧的項目,像是裝置上的特定使用者之類。舉例來說,*users* 資料表就會像表 10-1 所示。

表 10-1:osquery 的 Users 資料表

UID	GID	UID_Signed	GID_Signed	Username	Description
0	0	0	0	testuser	A test user account

使用者名稱這一欄的第一行資料，包含的是裝置上一個名為 *testuser* 的帳號。每一個資料表都和資料庫中其他資料表休戚相關（至少超過 200 個）。這些資料表和它們之間的關聯，讓你可以執行非常複雜的查詢，並從中得知每個受管理裝置的詳情和狀態。

我們可以運用 SQL 這樣的查詢語言來對資料發問，SQL 是一種高階語言，適於取用及操作資料庫。一筆 SQL 查詢看起來會像這樣：

```
SELECT c1,c2 FROM tablename
```

在以上查詢中，大寫部分的 SELECT 和 FROM 屬於命令，它們指出你要進行的動作——以上例來說就是要詢問 tablename 資料表的欄位 1 和 2 當中的資料，也就是參數 c1 和 c2。

在現實中，查詢會像這樣：

```
SELECT username FROM users
SELECT * FROM users
```

第一筆查詢會傳回（亦即對執行的使用者顯示查詢結果）users 資料表中所有的使用者名稱，其他欄位不在其中。第二道命令傳回的則是 users 資料表中所有（*）各行各列的資料。

NOTE 有些 SQL 命令可以用不同的方式取得資料；詳情可參閱 *https://www.sqltutorial.org/sql-cheat-sheet/* 的 SQL 小抄。如果想知道所有的資料表清單和其中含有何種資料，請參閱 *https://osquery.io/* 的 osquery 文件。

Fleet 會在你的 Fleet 看板中儲存大量的查詢。請點選頁面左側的 **Query** 選單（圖 10-6）。

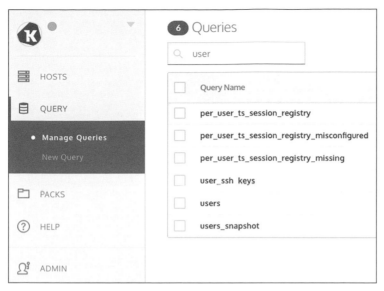

圖 10-6：Fleet Manager 裡預存的 SQL 查詢

你可以在這個選單當中上下捲動，檢視可用的查詢、或是從頁面頂端的搜尋列查閱特定的查詢語句。一旦找到你要執行的查詢，便點選它，再點選右邊的 **EDIT/RUN QUERY** 按鍵。在你實際執行查詢之前，你需要先挑選要查詢相關資訊的裝置。請從 Select Targets 下拉式選單挑出相關的裝置，並點選 **Run**。查詢結束後，Fleet 便會在畫面下方顯示查詢的結果；你可以利用欄位過濾器進一步篩選結果。

要執行何種查詢，取決於你是想找出何種問題、或是你最關心的網路違例樣式，抉擇全在你自己。不過以下幾種起點均值得參考：

users　要識別應否出現在某端點的使用者帳號時最有用

browser_plugins　會顯示該裝置上所有的瀏覽器外掛程式；如果你的使用者安裝了可疑的惡意瀏覽器外掛程式時會很有用

chrome_extension　如上述，但它專找 Chrome 的外掛程式

crontab　識別 Linux 系統上會進行可疑或惡意動作的排程任務

disk_free_space_pct　識別磁碟空間低落的裝置

installed_applications　識別裝置上已安裝的惡意或可能不需要的應用程式

Fleet 裡的 Host 看板會顯示每一個受管理裝置的細節一覽（如圖 10-7）。

圖 10-7：Fleet Host 看板一覽

這裡可以看到主機的名稱、作業系統、osquery 版本、處理器詳情、RAM 數量、MAC 位址和 IP 位址。點選右上角藍色的查詢按鍵（堆疊圓柱狀圖示），即可輕易地查詢該裝置。

請花點時間熟悉可用的查詢，並到網路上做一點研究，找出其他可能有用的查詢。請嘗試檢視若干預存的查詢，然後複製或編輯其內容，改成你需要的查詢語句。

使用 Wazuh

我們在 Project 35 安裝了 Wazuh 代理程式，這個小節我們要設定它。我們可以透過 Wazuh 檢視 Security Onion 的日誌和警訊，下個小節就會談到這一點。

Wazuh 的主要設定檔位於 Security Onion 系統的 */opt/so/conf/wazuh/ossec.conf*。組態檔案中的每個段落都是彼此獨立的，可以從下面這樣的一行辨識出來：

```
<!-- Files/directories to ignore -->
```

你可以改寫該檔案中的設定，藉以修改 Wazuh 的行為模式，舉例來說，如果 Wazuh 因為誤報而做出回應，導致你無法進行一些其實是良性的動作，這樣修改便是有必要的。請檢視這個檔案，理解 Wazuh 監控的內容類型。

以下片段所顯示的內容，指出了一系列的檔案，其中包括已知或可疑行為的檔案清單，以及預期含有特洛伊木馬（病毒類型之一）的檔案、還有稽核各種弱點所需的檔案和資料夾：

```
--snip--
<rootkit_files>/var/ossec/etc/shared/rootkit_files.txt</rootkit_files>
    <rootkit_trojans>/var/ossec/etc/shared/rootkit_trojans.txt</rootkit_trojans>
    <system_audit>/var/ossec/etc/shared/system_audit_rcl.txt</system_audit>
    <system_audit>/var/ossec/etc/shared/system_audit_ssh.txt</system_audit>
    <system_audit>/var/ossec/etc/shared/cis_rhel7_linux_rcl.txt</system_audit>
--snip--
```

每一個檔案都含有一份 Wazuh 會監控的內容清單。如果代理程式在裝置上偵測
到有檔案或組態符合 *rootkit_files.txt* 檔案中描述的行為或設定，它就會採取行動
以消除威脅。如果你不想讓它採取行動，就把組態檔中相關的那一行刪除、或是
用 # 註銷。

當你把 Wazuh 的更新作為持續更新與修補 Security Onion 及其他系統的一部分
時，像是 *rootkit_files.txt* 這樣的組態檔有可能會在更新時被覆蓋。這可以確保新
發現的威脅及相關指標都會藉此公開，而你的網路會持續受到保護。為了避免
失去你對相關檔案所做的調整，請考慮另建新的自訂組態檔案（譬如 *my_custom_*
trojans.txt），然後把對於這個檔案的參照也放到 *ossec.conf* 檔案當中，如下例
所示：

```
--snip--
<rootkit_files>/var/ossec/etc/shared/rootkit_files.txt</rootkit_files>
    <rootkit_trojans>/var/ossec/etc/shared/rootkit_trojans.txt</rootkit_trojans>
    <rootkit_trojans>/var/ossec/etc/shared/my_custom_trojans.txt</rootkit_trojans>
--snip--
```

把檔案加到 *ossec.conf* 檔案裡，會讓 Wazuh 參閱這些檔案，作為組態與設定的參
考，而不僅限於原本預設的組態檔案群。利用自訂檔案來添加你可能需要的自訂
組態，是很好的做法。

如果你希望 Wazuh 略過它安裝的任一端點的某一個、或某一群目錄，請把這類
資訊放進相關段落。你也可以告知代理程式忽略特定檔案或檔案類型，以便將特
定裝置排除在主動響應範圍以外（如果你要代理程式在可能影響網路的特定裝置
上不要做阻擋動作的話），並設定各種其他選項。請熟悉這些組態檔案，以便學
習如何調整它們來適應你的環境。

使用 Security Onion 作為 SIEM 工具

Security Onion 除了可以提供上述各種有用的功能之外，它還可以充當所謂的安
全資訊暨事件管理（*security information and event management*，SIEM）工具。
坊間的 SIEM 種類甚眾，像是 Splunk、SolarWinds 或 ManageEngine 等等，它們

都屬於商用解決方案，價格可能十分昂貴。但 Security Onion 則是開放原始碼工具，而且是免費的。

所謂的 SIEM 是設計用來從網路上的各種裝置總結資料，並作為日誌及其他資料的集中儲存地點所用的。若將 Security Onion 實作為 SIEM，就可以將日誌集中，讓外來者更難只靠清空單一系統的日誌來隱匿其行蹤。你也可以很方便地在一個地方查詢日誌及其他系統資料，這樣就不必四下翻找各個系統或裝置，這使得整個調查過程更形順暢。Security Onion 還會分析這些資料，並對你發出潛在性惡意動作的警訊。圖 10-8 便顯示了一系列的警訊，登入 Security Onion 主控台、並點選左側選單中的 Alerts 選項即可觀察。

		Count	rule.name	event.module	event.severity_label
🔔	⚠	14,102	Windows Logon Success	windows_eventlog	low
🔔	⚠	9,769	ET POLICY GNU/Linux APT User-Agent Outbound likely related to package management	suricata	low
🔔	⚠	6,281	Listened ports status (netstat) changed (new port opened or closed).	ossec	low
🔔	⚠	5,889	ET POLICY Outgoing Basic Auth Base64 HTTP Password detected unencrypted	suricata	high
🔔	⚠	4,169	Service startup type was changed	windows_eventlog	low
🔔	⚠	3,614	ET INFO [eSentire] Possible Kali Linux Updates	suricata	high
🔔	⚠	2,380	ET USER_AGENTS Steam HTTP Client User-Agent	suricata	high
🔔	⚠	1,812	Integrity checksum changed.	ossec	low
🔔	⚠	1,503	ET INFO TLS Handshake Failure	suricata	medium
🔔	⚠	1,430	ET JA3 Hash - [Abuse.ch] Possible Adware	suricata	low
🔔	⚠	1,348	ET POLICY curl User-Agent Outbound	suricata	medium
🔔	⚠	707	ET WEB_SERVER Possible CVE-2014-6271 Attempt in Headers	suricata	high

圖 10-8：Security Onion 的警訊

只需點選任一警訊，便會出現一個含有篩選項目的背景選單；你可以按照你選擇的警訊做納入、排除、單獨顯示或群組分類等動作。也可以深入警訊內容，檢視篩選時段中的每一筆警訊。展開任一筆警訊，就可以看到它的相關內容，像是警訊的時間戳記、網路流量的來源與目的 IP 位址、警訊的完整訊息內容、觸發警訊規則網路資料（已經過實際解碼）、觸發的規則本身、以及各種與該警訊有關的有用參考資料來源（甚至可能涵蓋補救方式及其他解決方案）等各種中介資料（圖 10-9）。

rule.name	ET INFO [eSentire] Possible Kali Linux Updates
rule.reference	https://doc.emergingthreats.net/2025627
rule.rev	3
rule.rule	alert http $HOME_NET any -> $EXTERNAL_NET any (msg:"ET INFO [eSentire] Possible Kali Linux Updates"; flow:established,to_server; http.method; content:"GET"; http.user_agent; content:"APT-HTTP/28"; http.host; content:"kali.org"; fast_pattern; pcre:"/^[a-z0-9.]+\.kali\.org/"; classtype:policy-violation; sid:2025627; rev:3; metadata:affected_product Linux, attack_target Client_Endpoint, created_at 2018_06_25, deployment Perimeter, former_category INFO, signature_severity Minor, updated_at 2020_08_28;)
rule.ruleset	Emerging Threats
rule.severity	1
rule.uuid	2025627
source.ip	192.168.1.249
source.port	44686

圖 10-9：Security Onion 警訊的中介資料

實際上，警訊看板會顯示各式各樣類型的動作；你總能看到一些值得進一步調查的警訊。我們這就來介紹一些對大家有用的起點。

表 10-2：環境中可能不需存在的軟體範例

規則名稱	事件模組	嚴重性
ET INFO [eSentire] Possible Kali Linux Updates	suricata	high
ET USER_AGENTS Steam HTTP Client User-Agent	suricata	high
ET POLICY curl User-Agent Outbound	suricata	medium
ET POLICY Dropbox.com Offsite File Backup in Use	suricata	high
ET SCAN Possible Nmap User-Agent Observed	suricata	high
ET TFTP Outbound TFTP Read Request	suricata	high
ET P2P eMule KAD Network Connection Request	suricata	high

表 10-2 顯示了一些範例，涵蓋了幾種可能帶有弱點、可能導致惡意行為或被濫用、或是一開始就不該出現在網路上的軟體。譬如 Kali Linux 原本應用於侵入性測試，但攻擊者也可以藉它突破你的網路。如果你看到這類警訊，立即對其進行調查，找出涉及的系統，並將其移出網路。Security Onion 提供了所有你需要的資訊。你可以選擇參考警訊內的來源 IP 位址並將其列入防火牆規則（主機防火牆或邊境防火牆皆可），以便阻擋流量進出該位址，這便是抑制策略的一個例子。

再來看表 10-2 中的其他警訊，有好幾種已被認定可能是你的網路中不應允許其存在、或是根本沒必要的軟體。像 Steam 屬於遊戲用戶端。Curl 則是一種可以用於傳送資料出入伺服器的工具程式，也可能被用來外洩資料或是下載惡意軟體。Dropbox 屬於雲端儲存解決方案，也可能被用來外洩或竊取資料。Nmap 則是網路映射工具，攻擊者可以利用它找出你網路中的潛在目標及弱點。Trivial File Transfer Protocol（TFPT）則是一種極為脆弱的資料傳輸協定，而 eMule 則是一種點對點應用程式，常用來交換分享檔案。

通常如果你根本未使用其中任一工具或應用程式，就應該將其移除，避免被攻擊者濫用，此舉可讓網路更為安全。譬如說，如果你沒有用到 curl，便應透過主機名稱、來源及目的 IP 位址、或是警訊中其他的中介資料進行追查，找出應為此警訊負責的用戶，然後將這個問題軟體移除。如果你的確在使用 Dropbox，就可以略過該警訊。不然的話也一樣應該調查，並將其移出網路。請針對所有這些軟體相關警訊逐一清查。

接著以相同的過程調查並平抑所有與潛在惡意軟體動作有關的警訊；表 10-3 便是一個例子。請一一深入警訊，找出相關裝置，參閱警訊背後相關的規則，找出其緣由並加以解決。如果遇到困難，上網好好研究一下，通常可以找到大多數問題的解法。

表 10-3：在 Security Onion 裡的可疑惡意軟體警訊

規則名稱	事件模組	嚴重性
ET JA3 Hash - [Abuse.ch] Possible Adware	suricata	Low
ET JA3 Hash - Possible Malware - Neutrino	suricata	Low
ET INFO Packed Executable Download	suricata	Low
ET INFO EXE IsDebuggerPresent (Used in Malware Anti-Debugging)	suricata	Low
ET EXPLOIT Possible OpenSSL HeartBleed Large HeartBeat Response (Client Init Vuln Server)	suricata	Medium
ET EXPLOIT Possible OpenSSL HeartBleed Large HeartBeat Response (Server Init Vuln Client)	suricata	Medium

其他有意義的警訊還包括與帳號登入或登出有關、或涉及權限提升的警訊，像是表 10-4 裡的 Successful sudo to ROOT executed 事件。

表 10-4：在 Security Onion 裡看到的登入成功與失敗的相關警訊

規則名稱	事件模組	嚴重性
Windows Logon Success	windows_eventlog	Low
PAM: Login session closed.	ossec	Low
PAM: Login session opened.	ossec	Low
Successful sudo to ROOT executed.	ossec	Low
Logon Failure - Unknown user or bad password	windows_eventlog	Low

雖說成功登入的嘗試有可能是帳號已遭破解入侵的警訊，但登入失敗也同樣是一種警訊，提醒你正有攻擊者嘗試突破。這兩種警訊都值得深入調查，以確認是否真的有不法情事。譬如說，假如你在一部 Linux 系統上發覺有帳號提升其權限至 root 等級，請即刻檢查這是否是你自己或網路上其他可信使用者所為。如果這不是你或網路上其他管理員的動作，立刻改掉密碼並著手調查相應時段的所有動作。

總結

Security Onion 的警訊只是起點，讓你可以藉此辨識並追查可疑的動作；在防禦網路時運用它們，對你是有利的。使用手邊能用的每一樣工具，因為你的對手也會不擇手段。光是提升網路上動態的能見度，就足以讓你提供更好的防護。透過本章介紹的指示和工具，你很快便會找出許多需要調查和補救的活動。隨著你網路規模的成長，請持續這類的調查活動，並隨時留意 Security Onion 的警訊。

11

管理網路使用者安全的訣竅

負責一個超過一位使用者的網路，是有難度的。
你無法以常理去管理網路上其他使用者的活動，
尤其是他們還使用自己持有的裝置。然而當你要
緩和多重使用者造成的風險時，還是有一些策略可資
運用。

本章將探討關於複雜化密語和密碼、密碼管理工具、多重因素認證、以及保護
隱私的瀏覽器外掛程式等措施帶來的價值。其中內容可望作為你與使用者討論
安全措施時的有用資訊。

密碼

採用足夠複雜的密碼，同時在每個網站都使用不同的帳密組合，是維持線上安全的最佳起點。密語和密碼管理工具讓外來者更難以猜測密碼內容，同時也簡化你自己的密碼管理。密語（*passphrases*）含有多重字眼，像是 *libertyextremecluecustodyjerky*。如果再搭配大寫字母、數字和特殊字元，就能讓密碼更難被人參透，但一般而言，採用冗長但容易記憶的密語，比複雜又難記的密碼要來得理想。通常的密碼規則仍舊適用。不要加入任何個人識別資訊，像是生日、寵物或親人的名字、或是曾讀過的學校。避免納入與當下月份或季節有關的字眼，或是你工作的企業名稱。基本上就是要避免用太容易被識破的元素來建構密語。

密語比密碼要長，因此也更能抵禦採用暴力破解攻擊的外來者。暴力破解攻擊法就是以各種可能的字元組合逐一嘗試，直到找出正確組合為止。他們可以用程式化的方式進行攻擊，這樣就能在一秒內嘗試數百萬種（甚至數十億種）密碼猜測。密碼越短、或是按鍵組合種類越少（亦即字母、數字、符號），破解所需的時間便越短。譬如說，一段長度為八個小寫字母和數字等字元組成的密碼，當今的電腦硬體約只需不到兩小時便能破解。每增加一個字元，就會讓這段時間增加兩天以上，每個額外的字元都會迫使破解所需的時間以指數式增加——以如今的運算功能，要破解一段長度 30 個字元的密語，所需時間幾乎是無限長。

NOTE 切記要把帳號和裝置的預設密碼改掉。像路由器和交換器之類的預設密碼（例如使用者名稱：admin、密碼：admin）就十分容易被猜到，而且還有文件可循，如果你沒把網路上這些密碼改掉，就等於拱手讓外來者長驅直入。就算這類密碼並非為人所熟知，也還是很容易被猜到。

Password Managers

採用密碼管理工具（*password manager*，有時也稱為密碼保險箱（*password safe* 或 *vault*））以便安全地儲存你的密碼。密碼管理工具可以儲存成百的獨特密語，你只需用一組主要密語便能取用它們。這種方式可以讓你不必再到處抄密碼做記號，這絕對是個壞主意。坊間有好幾種密碼管理工具可以用，像是 1Password（*https://1password.com/*）或是 LastPass（*https://www.lastpass.com/*）等等。

要呈現密碼管理工具的價值所在，最佳方式就是探討 *credential stuffing* 這種攻擊方式，它根據的是多數人會在多項服務上使用相同密碼的這個現象。一旦外來者透過某次資料外流取得一組密碼與電郵清單，他們便會著手嘗試以這些帳密組合登入各個知名網站和服務，而他們通常都能得逞，因為有數量可觀的密碼和電郵組合都會在其他網站上沿用。使用者若能為自己的每個帳號採用不同的密語，並將密語放進密碼管理工具保存，就可以避免 credential stuffing 攻擊。

密碼破解偵測

Have I Been Pwned 這項免費的線上服務（*https://haveibeenpwned.com/*），讓你只需鍵入電郵信箱，即可立即分析是否曾涉及任何資料外流或破解事故。圖 11-1 顯示的便是一份電郵帳號遭破解的報告範例。

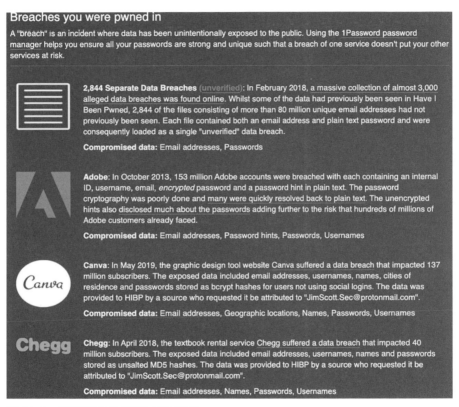

圖 11-1：電郵帳號遭破解的報告範例

該服務同時還提供持續更新與監控；將來若是你的電郵地址被判斷出涉及資料外洩，可以選擇要接收更改密碼的通知。

多重因素認證

一旦採用了夠複雜的密語,接下來要替能支援此一功能的所有帳戶及服務啟用多重因素認證(*multifactor authentication*,有時也稱為*兩階段認證、2FA 或 MFA*)。單一因素認證通常只需組合兩項因素——電郵地址或使用者名稱,再加上密語——MFA 則需要兩種以上的因素來認證。通常第一項因素是你*已知*的部分,第二項因素則可能是你已經*擁有*的事物,像是某種硬體或軟體的 token,或是能代表你的實物,譬如指紋或其他生物特徵。加上第二或第三種認證因素,外來者想取得你的帳戶及系統的難度便會以指數增加。添加第二項因素可能會對你和使用者稍微造成不便,但安全性卻會大為增加。

最常見的 MFA 解決方案之一,就是利用簡訊(SMS)作為第二因素,它會向使用者發送一段文字簡訊,其中含有數字碼或一段一次性密碼;然後這段內容便能用來登入帳號、或進行特定類型的交易,特別是當操作來自一個新的或未知的裝置或地點的時候。不論是何種機型的手機或是電信商,任何人都可以接收文字訊息,這項服務幾乎免費(或十分便宜),而且反應算得上即時,如果你並未真正嘗試登入,它還能當成是有人正嘗試冒充你登入的警訊。但 SMS 的主要缺點是它並非安全的科技,因為攻擊者要竊得某人電話號碼或能偷讀簡訊並不是難事。

另一種解決方案則是透過軟體,像是 Google Authenticator、Authy、Microsoft Authenticator,或是像 1Password 這種會提供 MFA tokens 的密碼保險箱工具。通常你得把 app 下載到手機裡,並掃描或輸入一段服務供應商(例如銀行或社群媒體)提供的數字碼,才能完成 app 設置,當你要登入時,你必須把 app 當成認證用的 token,以搭配密語使用。這個 tokens 每分鐘都會變動。顯然這要比把 SMS 當成第二因素要更安全,因為外來者必須要先實際取得你的行動裝置、還要解鎖才能看到 token 內容。不斷變化的 tokens 同時還代表使用期有限,不像 SMS 的使用期可能還長達數分鐘。對於許多使用者而言,像上述這樣的軟體 tokens 才是最方便且安全的 MFA 選項。

最後還有所謂的硬體式 tokens,像是 Yubikey 和 Google Titan Key。如果這類實體鑰匙並未插在你的電腦上,就無法取得加密或受防護的資料。硬體式 tokens 公認是最極致的 MFA 解決方案,因為一旦遺失該硬體,便意味著你也無法取得資料。這類防護程度不比軟體式的 token 要差、甚至還更好,因為外來者必須要先實際接觸到電腦才能進行下一步,但對使用者本身也是極為不便;大多數人都會隨身攜帶手機,但卻很容易把硬體式的 token 忘在家中,你卻是要在辦公室中才會使用它。此外,硬體式 tokens 是無法以釣魚手法冒充的;SMS 和其他類似的 MFA tokens 很容易被社交工程或釣魚攻擊式手法竊取而得,外來者卻無法從遠端取用你的硬體式鑰匙。

網路攝影機鏡頭罩

在探討電腦安全時，重點之一便是網路攝影機鏡頭罩的必要性。外來者常能侵入你的筆電或電腦上的網路攝影機，並在你不知情的情況下窺伺鏡頭前的一切動靜。為了保護你和四周的隱私，請花點小錢購置便宜的不透明膠帶或是鏡頭罩（許多線上購物網站都能便宜買到）。

瀏覽器的外掛程式

所有主流的網際網路瀏覽器，像是 Google Chrome、Mozilla Firefox 和 Microsoft Edge，都支援數種瀏覽器外掛程式，以便阻擋廣告和追蹤程式（詳情請回頭參閱第七章），同時改善使用者隱私。這裡要介紹的外掛程式都是已經通過審查並確認為合法，或者是由知名且可靠的來源所建置和維護。瀏覽器外掛程式的設計，是為了要為標準瀏覽器提供額外的功能，而使用者可以從大量供選用的外掛程式中選擇幾種來改善自身的瀏覽體驗。如能與你的使用者討論瀏覽器外掛程式的優劣之處，會是一件很有助益的事，讓他們在判斷哪些外掛程式確實可用、哪些又該避免時，能有所憑據。

Adblock Plus

Adblock Plus 會把「不可接受的」或是破壞性的廣告從網站中移除。要安裝這個外掛程式，請瀏覽 *https://adblockplus.org/en/download* 並下載適合瀏覽器或裝置的正確版本。一旦安裝完畢，請到外掛程式的 **Settings** 頁面（如圖 11-2 所示），並選擇 **Block Additional Tracking**, **Block Social Media Icons Tracking** 和 **Disallow Acceptable Ads**。你也可以選擇以白名單的方式來放行特定網站。

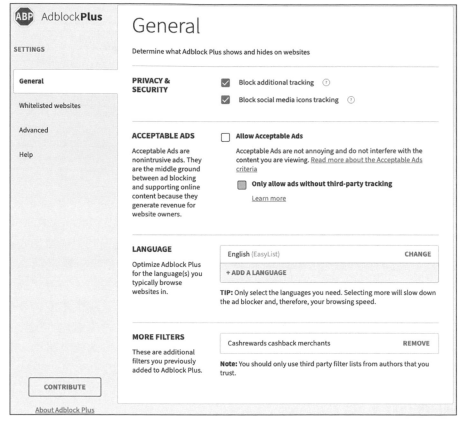

圖 11-2： Adblock Plus 的設定

其他追蹤手段還包括從網站蒐集你的瀏覽習慣。Blocking Social Media Icons Tracking 這個選項就能讓你避免被瀏覽網站中的社群媒體按鍵所追蹤。最後，Disallow Acceptable Ads 則會把網站中所有廣告一律清除（盡可能地全數清除）。這些都可以讓你的上網體驗更為清爽快速。

Ghostery

Ghostery 與 Adblock Plus 相仿，其任務在於移除多項網站中的使用者追蹤功能，藉以改善使用者隱私。要安裝 Ghostery，請瀏覽 *https://www.ghostery.com/* 並以帳號登入。下載並安裝瀏覽器外掛程式；一旦安裝完畢，外掛程式便會自行運作，但你仍可從外掛程式的選單修改其設定，如圖 11-3 所示。

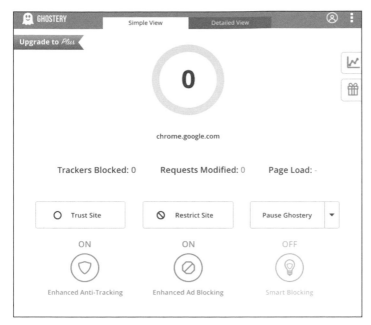

圖 11-3：Ghostery 的設定

如果你想手動允許或停用特定網站的追蹤動作，以及暫停或繼續使用 Ghostery，
都可以在選單中操作。

HTTPS Everywhere

HTTPS 是一種安全的網際網路協定，其前身為相對不安全的 HTTP 協定。
HTTPS 藉由 SSL/TLS 來防護你瀏覽網際網路時的流量。使用加密來保護你的流
量，這樣外來者便無法從中攔截並進行解密。但可惜的是，並非所有網站都為
使用者提供加密。這時便是 HTTPS Everywhere 這樣的外掛程式發揮作用的時候
了；它為你提供加密層，無論你在瀏覽器中有何一舉一動，都是經過安全防護處
理的。

要安裝此一外掛程式，請瀏覽 *https://www.eff.org/https-everywhere/* 並下載及安
裝。其選項十分簡單：只有開或關（如圖 11-4 所示）。

圖 11-4：HTTPS Everywhere 的設定

一旦安裝並執行此一外掛程式，你就可以確信瀏覽器流量均已確實加密。

關於物聯網的考量

第二章時我們曾探討過 Google Home 和 Amazon Alexa 之類的物聯網裝置，以及利用第二章所述的網路分段做法，藉以緩和智慧型裝置面臨的風險。然而，持續開機運作的攝影機及麥克風這類裝置，仍有一定的風險存在，必須審慎考量。

不論是筆電或是桌上型電腦、遊樂器或智慧型家用裝置，許多端點都內建了麥克風或鏡頭（甚至兩者兼具）。對於心懷不軌的外來者而言，這些裝置都可以變成他們潛伏的眼線。因此可能的話最好購買具有實體開關或按鍵的智慧型家用裝置。如果不行，至少也該用一個鏡頭套（很多線上購物商店都可以便宜買到）或一片不透明膠布，在無用時把鏡頭遮起來。此舉是保護隱私最有效的方法之一。

除了蓋住相機以外，也請審慎考量智慧型家用裝置的擺放位置。以智慧型喇叭來說，你應該將其放置於公用區域，遠離家中的隱密空間，像是衛浴或私人辦公室等等。請先想清楚會發生在麥克風周遭的活動及談話內容，再考慮適當的位置。

其他資源

本書介紹了資安的基本知識，理想情況下可以協助你更深入地考量網路及使用者的安全，並實施各種有助於保護隱私的解決方案。然而仍有許多資源是值得深入鑽研的，因為本書無法一一涵蓋所有題材。筆者首先要提的就是 *https://chrissanders.org/*。Chris 曾撰述數本著作及線上課程，涵蓋的題材包括網路安全監控、入侵偵測、以及 **ELK** 堆疊的進階運用，這我們也在第十章時大略介紹過。如果你有興趣深究這些題材，Chris 的網站是絕佳的起點。

對於資安、數位鑑識或事件因應等題材有興趣的讀者，還有另一個絕佳的資源，就是 *https://dfir.training/*。該網站含有豐富的工具及訓練課程相關資訊（免費及收費版皆有）、實用素材及其他的資源，都可作為你的進修知識庫，並用來提升安全成熟度。

最後，SANS 是一家專精資安的研究和訓練機構。你不但可以在 *https://www.sans.org/* 看到更多關於他們訓練課程的資訊，其中也涵蓋許多資源及研究論文，同時從攻防兩方探討了防護網路及端點的工具與技術。

總結

總之，只要你願意做，你的線上隱私及安全必有辦法妥善保護。但網際網路安全的代價，便是要犧牲一部分的隱私或安全性，或是兩者皆有。以付出一部分的不便為代價，你就能在網際網路上享有更完善的整體經驗，以及更高等級的安全性與隱私，這是不分你個人或全體使用者的。與實作安全解決方案所造成的不便相比，保持安全顯然更要緊得多。

小型網路資訊安全｜給網管人員的
正經指南

作　　者：Seth Enoka
譯　　者：林班侯
企劃編輯：蔡彤孟
文字編輯：王雅雯
設計裝幀：張寶莉
發 行 人：廖文良

發 行 所：碁峰資訊股份有限公司
地　　址：台北市南港區三重路 66 號 7 樓之 6
電　　話：(02)2788-2408
傳　　真：(02)8192-4433
網　　站：www.gotop.com.tw
書　　號：ACN037900
版　　次：2023 年 12 月初版
建議售價：NT$520

國家圖書館出版品預行編目資料

小型網路資訊安全：給網管人員的正經指南 / Seth Enoka 原著；
　林班侯譯. -- 初版. -- 臺北市：碁峰資訊, 2023.12
　　面；　公分
　譯自：Cybersecurity for small networks: a no-nonsense guide
for the reasonably paranoid.
　ISBN 978-626-324-688-1(平裝)
　1.CST：資訊安全　2.CST：資訊管理
312.76　　　　　　　　　　　　　　　　　　112020069